明仔玩军事 百科图解

战舰知识

瀚鼎文化工作室◎编著

航空工业出版社

北京

内容提要

军舰是人类有史以来体积最大、火力最强的“巨无霸”。本书通过大量搜集和整理国内外相关资料，按照军舰常识、战斗舰艇、航空母舰、潜艇以及辅助舰艇分类解读现代军舰，将舰队构成、作战方式、性能用途等多方面的内容一一呈现。

图书在版编目（CIP）数据

百科图解战舰知识 / 瀚鼎文化工作室编著. -- 北京
: 航空工业出版社，2014.1（2017.6重印）
ISBN 978-7-5165-0279-2

Ⅰ. ①百… Ⅱ. ①瀚… Ⅲ. ①战舰-世界-图解
Ⅳ. ① E925.6-64

中国版本图书馆 CIP 数据核字（2013）第 267099 号

百科图解战舰知识
Baike Tujie Zhanjian Zhishi

航空工业出版社出版发行
（北京市朝阳区北苑 2 号院 100012）
发行部电话：010-84936597 010-84936343
北京世汉凌云印刷有限公司印刷 全国各地新华书店经售
2014 年 1 月第 1 版 2017 年 6 月第 3 次印刷
开本：710×1000 1/16 印张：12.5 字 数：211 千字
印数：8001—11500 定 价：29.80 元
（凡购买本社图书，如有印装质量问题，可与发行部联系调换）

编者的话

在人类历史上曾出现过各种各样的武器，其中，体积最大、火力最强的就要数“军舰”了，其所拥有的战力远不是单兵枪械、陆战坦克、空中霸主战斗机所能比拟的。

不论是军事狂热爱好者还是普通读者，军舰都能以其巨大的身形、压倒性的力量和在茫茫大洋上悠游的美丽身姿令我们陶醉。而且由于军舰必须要有很多乘员搭乘其上才能有效发挥其实力，因此武器本身会成为日常生活的场所，这也是其比其他武器更有趣的地方。

在过去，军舰常被国家视为决战武器，成为攸关国家战略的机密，加上其活动范围被限制在大洋之上，因此对我们而言，这就是一个充满魅力的未解之谜。

近些年来，随着人们对了解军舰相关知识的欲望的不断高涨，我们决定以此书为大家打开探究军舰秘密之门，本书从军舰的建造、武装、动力等基础知识开始，逐渐将军舰上乘员的作战、生活等相关情况展现在大家面前。并通过对比第一、第二次世界大战时的军舰和现代军舰对一些主题进行较为深入的讲解，以期能尽可能的解答一些关于军舰的入门知识。

《百科图解》系列丛书是瀚鼎文化工作室倾力打造的“明仔玩军事”大家庭的一员，是在搜集国内外大量兵器知识后，整理编写而成的涵盖古今中外的军事知识的科普性图书。内容涉及到舰船、枪械、冷兵器乃至现代军用装备等多种类别，希望令广大读者能全面地认识不同时期不同武器装备对战争甚至是历史进程的作用。

明仔玩军事

目 录

第一章 军舰基础知识 1

001 什么是军舰 2
002 军舰分为哪些类型 4
003 军舰对战争的作用 6
004 军舰是如何建造的 8
005 军舰的大小靠什么定义 10
006 军舰的大小由谁决定 12
007 军舰是怎样命名的 14
008 军舰的寿命有多长 16
009 军舰依靠哪些动力 18
010 何谓核动力军舰 20
011 军舰如何行进 22
012 给军舰涂装迷彩有用吗 24
013 什么是军舰的装甲 26
014 军舰需要防御的重点在哪里 28
015 什么是舰队 30
016 舰队决战对战争进程有什么作用 32
017 舰员需要做哪些工作 34
018 舰员在军舰上怎样生活 36
019 舰员落水以后怎么办 38
020 军舰沉没的时候会怎么样 40
021 舰艇的损害管制是什么 42
022 军舰战斗中常说的“诸元”是什么 44
023 军舰服役后的海试有什么作用 46
024 海军基地里有什么 48
专题：历史上著名的舰队指挥官 50

第二章 战舰 51

025 水面战斗舰艇如何分类 52
026 水面战斗舰艇的大致结构 54
027 什么是战列舰 56
028 什么是巡洋舰 58
029 什么是战列巡洋舰 60
030 什么是驱逐舰 62
031 什么是宙斯盾舰 64
032 世界上主力战舰对比 66
033 海上如何搜索敌人 68
034 在海上能看到多远 70
035 海战如何瞄准 72
036 战舰使用哪种炮弹 74
037 战舰的主炮是怎样配置的 76
038 副炮有什么用 78
039 鱼雷是什么 80
040 战舰有哪些反潜武器 82
041 战舰的最强武器是什么 84
042 军舰的天敌 86
043 军舰怎样夜战 88
044 什么情况下战舰会沉没 90
045 巡洋舰在海战后扮演着怎样的角色 92
046 现在有哪些反舰导弹 94
047 什么是舰载防空导弹 96
048 现代军舰的结构是怎样的 98
049 建造军舰需要多少花费 100
专题：昙花一现的日本自杀式载人鱼雷 102

第三章 航空母舰 103

050 什么是航空母舰 104
051 航空母舰有几类 106
052 航空母舰是什么时候出现的 108
053 为什么航空母舰和其他军舰的形状不一样 110
054 航空母舰最为独特的武器装备是什么 112
055 舰载机有哪些种类 114
056 舰载机怎样在航空母舰上起降 116
057 航空母舰的固定装备是什么 118
058 如何提高航空母舰的防御 120
059 大型的航空母舰有哪些特殊技能 122
060 目前哪些国家拥有航空母舰 124
061 水上飞机母舰 126
062 二战中的奇葩航母 128
063 基辅级巡洋舰是航母吗 130
064 未来的航空母舰会是什么样 132
专题：航空母舰退役后的最后归宿 134

●目 录●

第四章 潜艇 135
065 什么是潜艇 136
066 潜艇有哪几类 138
067 潜艇的结构是怎样的 140
068 潜艇在战场扮演怎样的角色 142
069 什么是小型潜艇 144
070 U 型潜艇是什么 146
071 潜艇的动力和其他舰船有什么不同 148
072 战略核潜艇 150
073 潜艇能潜多深 152
074 潜艇怎样搜索敌人 154
075 潜艇战 156
076 如何进行反潜作战 158
077 潜水航母是超级武器吗 160
专题：“库尔斯科号”潜艇的沉没 162

第五章 其他军舰 163
078 什么是巡防舰 164
079 什么是巡逻舰 166
080 什么是伪装巡洋舰 168
081 什么是鱼雷艇 170
082 什么是导弹艇 172
083 什么是两栖攻击舰 174
084 什么是气垫船 176
085 什么是半潜艇 178
086 布雷舰与扫雷艇 180
087 什么是修理舰 182
088 二战功勋舰 184
089 补给舰有什么作用 186
090 舰只如何接受补给 188
091 海军陆战队和海军有什么不同 190
092 抢滩登陆作战 192

第一章

军舰基础知识

No.001 什么是军舰

军舰并不是所有具备武装的船只的总称，而是依据国际条约来严格定义的武器。

属于军队的船只

军舰的定义。“军舰”一词最早出现在1958年根据国际法所制定的《联合国海洋法公约》中，1994年在根据此法发表的《联合国海洋公约》第二十九条中对军舰的定义进行了明确的、正式的规定。

军舰的定义有几个基本信息，“隶属于一国军队的舰船”“必须悬挂所属国家的标识(军舰旗帜、国旗等)”“必须接受所属国家正规军军官指挥”“必须服从所属国家军队的命令”等。但实际上，满足以上一些定义的不一定就是军舰，像海盗船（悬挂旗帜但并非由军官指挥）、发生叛变的船（不服从命令）、我国的海警船（有武装听并从政府管理，但由非军官指挥）等都不是军舰。不过海警所属船舰常被视作准军舰，实际上也多被当做军舰看待。

军舰必须遵守的规定和权利

军舰若是处于他国领海或港口，不会受到除通航与检疫等法令之外的他国法律约束，但当其想进入他国港口（紧急状况除外）必须先征得他国许可，而途径他国领海时，即使是潜艇，也需要悬挂所属国家的旗帜在洋面上航行。要是闷不吭声进入他国领海，则将被视作侵犯他国领海的行为。

军舰在本国领海或公海上享有对他国船只进行临检、缉捕、追踪等行为的权利。

19世纪在军舰发展历史上占有特殊的地位，军舰在这一时期完成了有古代战船向现代军舰的转变。先后产生了蒸汽动力军舰、螺旋桨战舰、木制装甲舰、铁甲舰，到1906年英国的“无畏号”战舰下水，标志着现代军舰时代的开端。

军舰的定义

《联合国海洋法公约》（1994 年生效）

【第二十九条 军舰的定义】

为本公约的目的，“军舰”是指属于一国武装部队、具备识别军舰国籍的外部标识、由该国政府正式委任并名列相应的现役名册或类似名册的军官指挥和配备有服从正规武装部队纪律的船员的船舶。

属于军队的船只

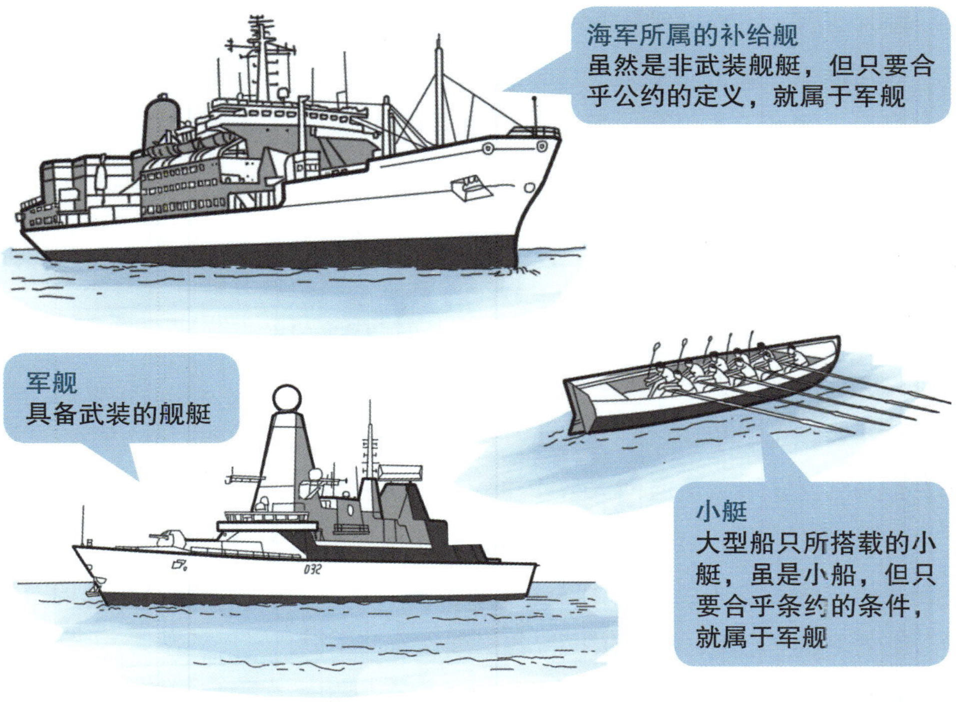

不属于军舰的船只

- 海盗船：虽具备武装，但不属于一国军队
- 叛变船只：不服从正规军指挥
- 可疑船只：未悬挂可供识别所属国家的标识

No.002 军舰分为哪些类型

军舰按其不同用途分为航空母舰、水面舰艇、潜舰艇等。

军舰的类型

航空母舰，简称航母，是以舰载机、舰载直升机为主要武器并作为其海上活动基地的大型水面战斗舰艇，自其出现便成为战争的决定性因素。航母可以根据作战任务、动力类型、排水量大小适当分类，在第二次世界大战后的一段时期内，还曾出现过进攻型航母、防御型航母等分类。

战列舰，它装备有多座大口径舰炮、具有很强的防护装甲，到第二次世界大战为止都属于主力舰，但随着来自空中打击力量的不断增强，战列舰已经成为历史。

巡洋舰，它虽然火力比不上战列舰，但其速度与续航能力都比较优秀，常担任舰队护卫、海上通商破坏、侦察、舰艇编队指挥等任务，在第二次世界大战初出现了重巡洋舰和轻巡洋舰。我们现在所说的巡洋舰多指比驱逐舰大型的水面舰艇，非明确定义。

驱逐舰，是以鱼雷、舰炮为主要武器，具有多种作战能力的中型水面战斗舰艇编队，在第二次时间大战中主要担任其他舰艇的护卫工作，因此损耗严重。现在的驱逐舰属于主力舰，搭载的武器也升级为可以用于远程攻击的舰舰导弹。简易型或小型的驱逐舰有时会被细分为护卫舰，与其相似的巡逻舰，比驱逐舰更小型，划分依据按各国规定有所不同。

潜艇，又称潜水艇，在第二次世界大战中被用于侦察、攻击水面舰艇，而在现代不仅可用于打击水面舰艇、还能攻击其他潜艇、搭载导弹进行反舰、对地攻击等。

其他，还有进行登陆作战用的两栖攻击舰、登陆舰、导弹艇等小型战斗舰艇、处理水雷的扫雷艇、补给舰等支援舰艇。

军舰的类型

舰种与舰种记号一览表

类型	舰种记号	舰种	代表舰艇	补充
航空母舰	CV(N)	航空母舰	英“皇家方舟号”	在大战后的一段时间内，还有 CVA(进攻型航母)、CVS(防御型航母)这种分类
	CVL	轻型航母	英“无敌号”	现在指的是 V/STOL 航母
	CVE	护卫航空母舰	美“长岛号”“博格号”	第二次世界大战时美国大量制造，曾借给英国
	CVH	直升机航空母舰	法“戴高乐号”	
舰战列	BB	战列舰	美“爱荷华号”	至第二次世界大战为止有存在过
	CC	战列巡洋舰	美“新泽西号”	在第二次世界大战中并未正式存在
巡洋舰	CA	重型巡洋舰	美“彭萨科拉号”	也称一等巡洋舰
	CL	轻型巡洋舰	美“亚特兰大号	也称二等巡洋舰
	CG(N)	核动力导弹巡洋舰	美“提康德罗加号”	包含宙斯盾舰
驱逐舰	DD	驱逐舰	美“马汉号”	在舰队中数量众多，担任核心
	DDG	导弹驱逐舰	美“阿利·伯克号”	宙斯盾舰包含其中
	DDH	直升机驱逐舰	日本“日向级”	
	DE	护航驱逐舰	美“加农号”	比较小型的驱逐舰
护卫舰	FF	护卫舰	英“江河级”	一般指比驱逐舰还要小型的舰艇，也有国家将驱逐舰划归其中
	FFG	导弹护卫舰	美“奥利弗·哈泽德·派里号”	
潜艇	SS(N)	核潜艇	美“海狼号”	也称攻击型潜艇
	SSB(N)	弹道导弹潜艇	美“乔治·华盛顿号”	搭载战略核弹的潜艇
	SSG(N)	导弹潜艇	美“俄亥俄号”	搭载巡航导弹的潜艇
两栖舰艇	LHA/LHD	两栖攻击舰	美“大黄蜂号”	
	LPH	（直升机）两栖攻击舰	美“硫磺岛号”	
	LPD/LSD	船坞型（两栖）登陆舰	美“圣安东尼奥号”	
	LST	坦克登陆舰	美“LST-1 级”	这些舰艇曾搁浅于海岸边，且将舱门打开，让搭载的人员等登陆
	LSM	中型登陆舰	美“LST-1 级”	
	LSU	运输舰		
其他	PT	鱼雷舰	美“PT-20 级”	
	PG	导弹艇		
	MSC	扫雷舰		
	MST	扫雷母舰		小型扫雷艇的母舰
	AO	补给舰		

● 舰种后加 N 表示核动力舰艇
以上标记以美国海军的分类为基础，根据国家与时代的不同，分类也会有所差异

No.003 军舰对战争的作用

国家依靠军队的军舰取得制海权，即维持我方对自己海域的自由使用权、而敌方无法使用的状态。

军舰的存在意义

19 世纪末美国海军大学校长阿尔弗雷德·马汉（Alfred Mahan）和 20 世纪早期在英国海军大学执教的朱利安·柯白（Julian Corbett）将海军的战略思想加以理论化，提出“确保制海权”。这是指保卫本国海上交通线（Sea lane），让本国船舰或民用船只能安全航行、接受补给，且可以随时阻止非我方船只航行。要想确保制海权，我们离不开军舰。

在第二次世界大战（二战）之前，击败敌方舰队是确保制海权的唯一方式，然而二战中飞机的发展令舰队受到了来自空中的威胁。想要确保制海权不仅要击败敌方舰艇，还需击垮其空军力量，这样的情况在多次海战中屡见不鲜。

另外，即使我方无法取得制海权，也须设法阻碍敌方确保制海权。潜艇正是为此而生的，虽然不指望靠它来确保制海权，但是却能对敌舰航行造成威胁；在己方舰队实力较弱的情况下会尽量避免与敌方舰队直接战斗，以此确保拥有可供作战的战斗舰艇，对敌方海军予以牵制，阻止其获得制海权。

二战以后，大国之间以冷战为主，海军也很少会大规模冲突，因此军舰所扮演的角色逐步发生改变。对现代海军而言，不再将与敌方舰队海战作为主要任务，更多的是对陆战进行支援（战力投射），或是反恐与解决区域冲突，在平时则扮演执行护卫、临检、扫雷、示威等角色。

太平洋战场的转折点——中途岛海战

日军偷袭珍珠港以后，掌握了西太平洋的制海权和制空权，并发起了一连串攻势，美、英盟军节节败退。山本五十六企图通过夺取中途岛歼灭美国太平洋舰队主力。日军出动了包括 8 艘航母在内的 200 余艘舰艇，试图偷袭中途岛。由于美军已经破译了日本海军的密码电报，早已布置好了优势兵力以逸待劳，最终大胜日本海军。

军舰的作用

阿尔弗雷德·赛耶·马汉
（1940~1914）

- 美国海军军人
- 著作：
《海权对历史的影响》（1980）
《海军战略》（1911）等

朱利安·柯白
（1854~1922）

- 英国海军史学家、地政学者
- 提倡从海洋向陆地投入战力的重要性。
- 著作：
《日俄战争中的海洋作战》（1914）
《海洋战略的诸原则》（1911）等

制海权

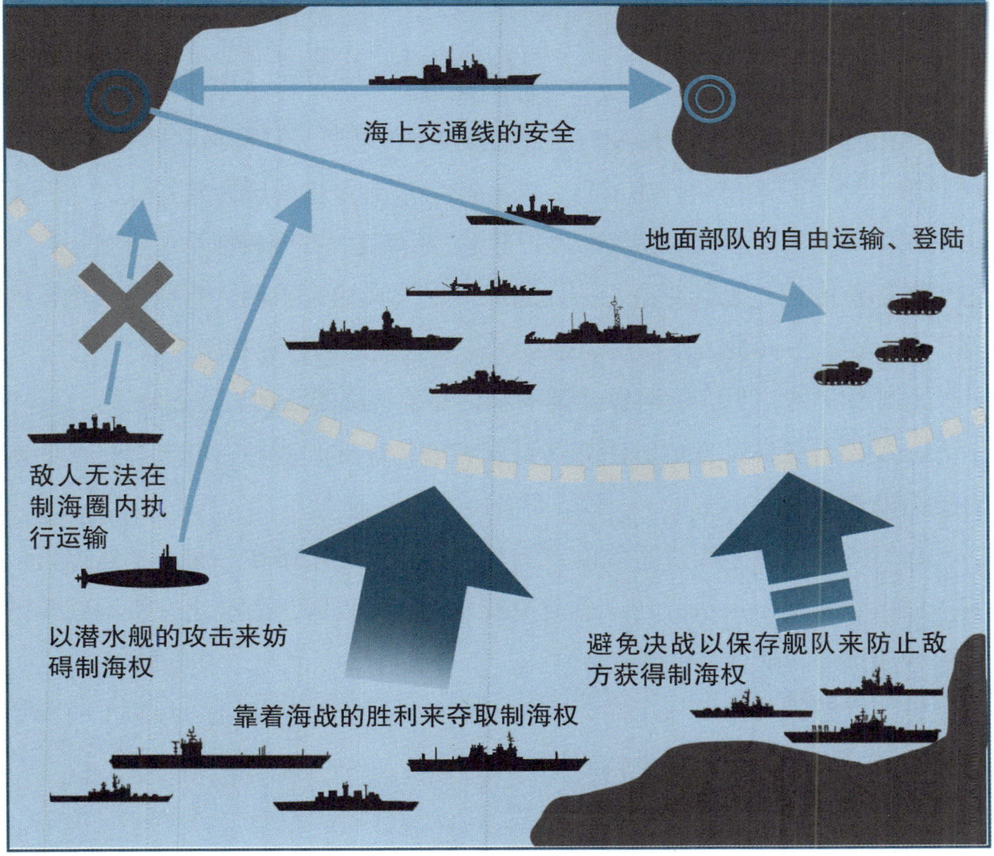

No.004 军舰是如何建造的

建造军舰的基本程序除了必须装备武器、保密防谍外，与一般船舶是相同的。

船台建造与区段建造

建造军舰首先要决定其“基本样式”，军方会先将所需建造的舰艇形式与要求告诉设计师，设计师将以“基本设计”的方式决定舰艇的诸多元素。一般基于预算情况、来自战争第一线的要求，甚至有时会加上政治性的限制，军舰的设计需要开多次会议讨论才能通过。确定下基本设计后，就可以开始绘制详细的设计图。

绘制好详细设计图，将开始在船坞或船台上进行军舰建造，施工方法多分为两种。

第一种是二战之前的主流——船坞建造式。这种方法先在船坞上安放相当于船只脊梁骨的龙骨（Keel），然后再接上像肋骨一样的横向肋材。

第二种是二战前后开始流行，并在战后成为主流的区段建造式。这种方法是先将各个区段单位的船体部位打造好，再将其放在同一船坞中进行连接。由于各部位的建造是同时进行的，因此可以大大缩短工期，不过由于船体的部件有可能是不同地方生产的，连接时需要有更高的作业精密度。

等船体完成之后，就可以让其下水，并装备武器及动力等设施了。

一般接合船体部件的方法有铆钉式和电气焊接式两种，电气焊接要比铆钉更为先进。

铆钉式是在两个组件重叠的地方打入铆钉使之连接在一起，虽然比较结实，但由于是属于点状结合，承受冲击力的能力较弱，而且还有使用较多铆钉而增加重量的缺点。

电气焊接式可以缩短工期、减轻重量、且属于线状接合，对冲击的承受能力较强，不过其对工业技术能力的要求较高。

军舰是如何建造的

建造流程

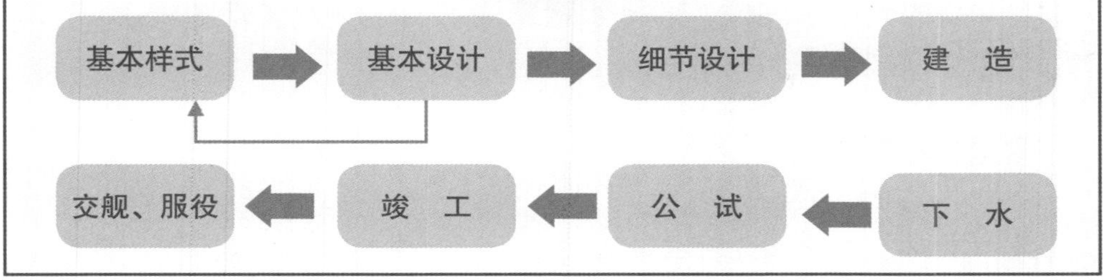

建造流程

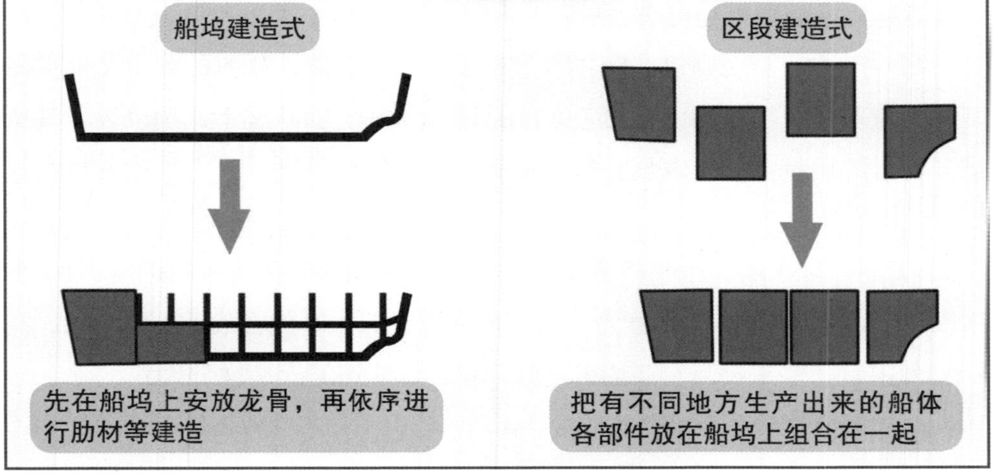

船体部件接合方式

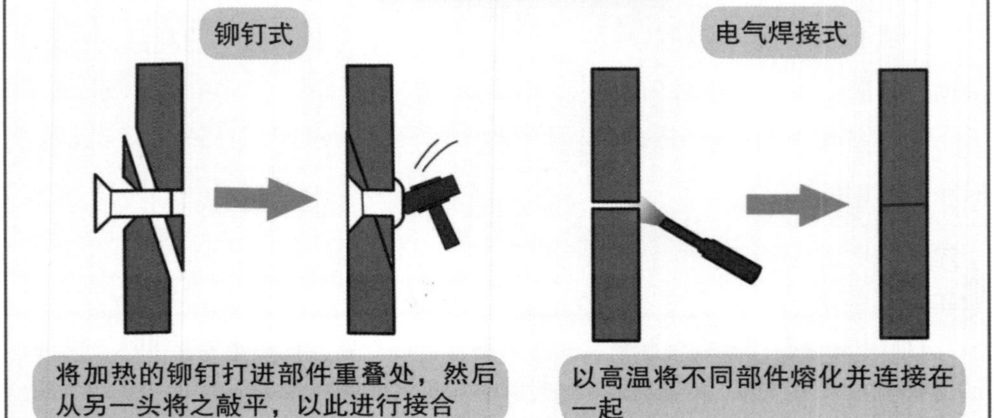

No.005 军舰的大小靠什么定义

军舰的大小以吨位，即排水量来表示，这种方法有些复杂。

测量大小的方法

舰艇的大小都以吨位来表示，不过商船与军舰的关于吨位的定义完全不同。

以商船为例，多使用代表船只全部容积的总吨位、所载货物容积的净吨位、所载货物重量的载重吨位来表示。

相对于此，军舰则以“舰体本身的重量”来表现，舰艇的吨位是根据阿基米德原理计算出来的，在想定军舰是浮在水面上的状况下，用以表示其所排开的水的质量——排水量。排水量有几个不同的种类，官方数据资料会根据时代而有所改变。

“正常排水量”是指搭载了全部乘员、3/4 的弹药、1/4 的燃料、1/2 备用锅炉水、1/2 消耗品时的状态。这样的载重是假想军舰在战斗中的状态。在 1922 年签订《华盛顿海军条约》之前，官方所使用的就是这个数值。

“标准排水量”表示满载乘员、弹药、消耗品（不含水和燃料）的状态。根据《华盛顿海军条约》，各国会统一以此数值为标准，因此从条约签订后一直到第二次世界大战结束为止，这一数值一直被当做官方数据使用。

“满载排水量”指满载乘员、燃料、弹药、备用锅炉水、消耗品的状态，是现代军舰的世界标准数值。

“公试排水量”指在执行公试（竣工后的性能测试）时的状态，各国的标准皆不相同。

当军舰通过巴拿马运河等一些收税的运河时，并不是按照文章中的几种排水量计算方式来收费，而是会计算经过时的实际排水量。

军舰的大小

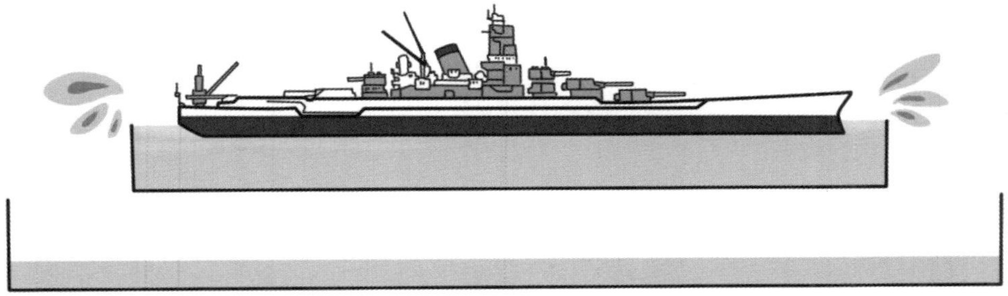

排水量的吨位 = 依据阿基米德定律，当军舰浮于水上的时候，其所排开的水的质量

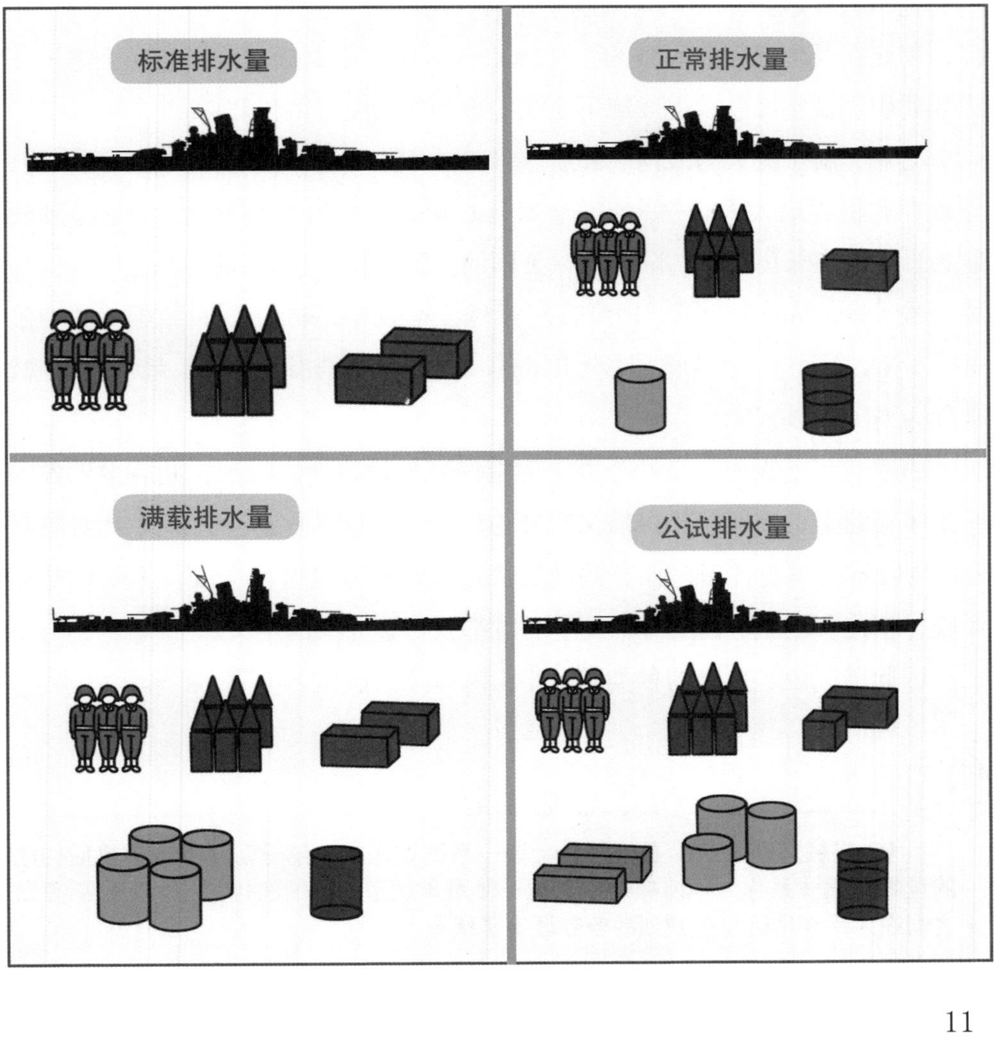

No.006 军舰的大小由谁决定

华盛顿海军条约与休斯顿海军会议将以往五花八门的舰艇标准加以统一。

对舰种加以定义

在以前，各国因其所拥有的科技实力与经济实力，以及喜好的不同来设计建造军舰，由于久而久之会形成习惯，因此从某种程度上说是有标准存在的，只不过舰艇分类以各国的自由提案来各自表述。

但当需要以海军条约来限制军备时，需要将各国的舰种标准加以统一才行，因此在《华盛顿海军条约》（1922 年）中，依据标准排水量与主炮尺寸为战列舰、航空母舰、巡洋舰下定义，成为军舰史上的里程碑。

之后，由于庞大的战列舰和航空母舰被禁止建造，主炮口径也受到限制，导致拥有世界最大火炮——406 毫米炮的舰艇就只剩下七艘而已。这七艘舰艇为日本的“长门”、“陆奥”，美国的“科罗拉多号（Colorado）”、“马里兰号（Maryland）”、“西维吉尼亚号（West Virginia）”，英国的“纳尔逊号（Nelson）”、“罗德尼号（Rodney）”，它们是当时世界上最强的军舰，被称为“Big seven”。

由于《华盛顿海军条约》并未对巡洋舰的建造加以限制，此后世界各国开始争相建造巡洋舰只，最后又召开伦敦海军会议（1930 年），以针对限制 1 万吨以下的军舰各国应保有的吨数进行讨论。通过这次会议，不仅仅是巡洋舰，就连驱逐舰、潜艇等辅助舰艇也都获得了详细的定义。

因此可以说，军舰的种类与大小由海军条约决定。

《华盛顿海军条约》是华盛顿会议一系列议题的一部分，华盛顿会议后构成的世界格局体系称为华盛顿体系，这一体系承认了美国的的优势，也为日后美日之间在太平洋地区日益激烈的争夺埋下了伏笔。

军舰的大小由条约决定

《华盛顿海军条约》（1922 年）

保有舰艇的标准排水量总和

	美	英	日	法	意
战列舰	525000 吨	525000 吨	315000 吨	175000 吨	175000 吨
航空母舰	135000 吨	135000 吨	135000 吨	60000 吨	60000 吨
巡洋舰	并未限制				

各种舰艇的定义

- 战列舰：主炮口径 406 毫米以下，标准排水量不超过 35000 吨
- 航空母舰：不得安装超过 203 毫米口径炮，标准排水量 27000 吨以下
  可建造两艘 33000 吨以下航母
  10000 吨以下的航空母舰不受限制
- 巡洋舰：主炮口径 127~203 毫米，标准排水量不超过 10000 吨

伦敦海军会议（1930 年）

保有舰艇的标准排水量总和

	美	英	日
航空母舰	10000 吨以下也列为限制对象		
重型巡洋舰	180000 吨	140000 吨	108000 吨
轻型巡洋舰	143500 吨	192200 吨	100450 吨
驱逐舰	150000 吨	150000 吨	105500 吨
潜艇	52700 吨	52700 吨	52700 吨

各种舰艇的定义

- 航空母舰：10000 吨以下也列为限制对象
- 重型巡洋舰：主炮口径 155~203 毫米；10000 吨以下
- 轻型巡洋舰：主炮口径 127~155 毫米；10000 吨以下
- 驱逐舰：主炮口径小于 127 毫米；600~1850 吨
- 潜艇：备炮口径小于 127 毫米；2800 吨以下
- 限制外的舰艇：备炮不超过 4 门，口径不超过 155 毫米；600 吨以下

No.007 军舰是怎样命名的

一般来说，军舰会以固有名词命名，而各国选择军舰名称常会根据固定原则，选取对民众比较亲切的名称。

来自人名或地名

世界各国军舰的命名大多都来自人名或地名，除此之外，还有用上气象、动植物、星座、宗教设施、一般名词等名称。一般同型舰大多会采用统一的命名方式命名。

以使用人名为例，大多会冠上各国军人、伟人、历史名人的名字，也有像意大利潜艇“李奥纳多·达文西号”以文化人的名字来命名。

级名与冠词

为了节约预算、减轻补给负担，在建造军舰时常会制造多艘有着相同设计的舰艇，这类舰艇被称为同型舰，其中会以最早动工或竣工的那艘当做命名舰（Nameship），并以此舰舰名将同型舰分为XX级（Class）或XX型（Type）。

使用冠词是一部分国家的传统。像美国海军将USS（United States Ship）、英国海军将HMS（His/Her Majesty Ship）接在舰名前作为正式名称。

在小说与动漫作品等虚构世界中出现的军舰，也常依据此类规则命名。

我国海军舰艇命名规则

1978年11月18日，海军公布了《海军舰艇命名条例》；1986年7月10日，海军对该条例又作了补充和修改。根据条例规定，巡洋舰以上的舰艇由国务院特别命名；巡洋舰以行政省（区）或直辖市命名；驱逐舰则以大、中城市命名；护卫舰多以中小城市命名；补给舰则以湖泊命名，如“微山湖号”补给舰。

军舰是怎么命名的

伦敦海军会议（1930 年）

舰种	命名规则	例子
战列舰	州名	“田纳西”号 “爱荷华”号
航空母舰	战场名、过去的功勋舰	“列星顿”号 “中途岛”号
	人名	“乔治·布什”号 “罗纳德·里根”号
护航航空母舰	海峡、海湾、战场名	“马尼拉湾”号 “萨拉托加”号
巡洋舰	都市名	“亚特兰大”号 “新奥尔良”号
	战场名（主要是宙斯盾舰）	“雷伊泰湾”号 “安齐奥”号
核动力导弹巡洋舰	州名	“加利福尼亚”号 “弗吉尼亚”号
驱逐舰	人名	“弗莱彻”号 “阿利·伯克”号
潜水艇	水栖生物	“海豚”号 “鲑鱼”号
核动力潜水艇	人名	“乔治·华盛顿”号
	州名	“俄亥俄”号 “肯塔基”号
	都市名	“洛杉矶”号 “休斯顿”号
登陆舰	陆战队战场名、功勋舰	“硫磺岛”号 “埃塞克斯”号

虽然美军也有细分命名规则，但近些年却没有那么注意了

英国海军的命名规则

舰种	命名规则	例子
各种舰艇	人名、地名、名词、神话、动物等；同级舰大多统一首字母，或采用同类词命名	战列舰“伊丽莎白女王”号（人名） 航空母舰“光荣”号（形容词） 水上飞机母舰“飞马”号

德国、意大利、俄罗斯海军的命名规则

舰种	命名规则	例子
各种舰艇	地名、人名等	德战列舰“俾斯麦”号 俄战列巡洋舰“博罗金诺”号 意航母“朱塞佩·加里波第”号

No.008 军舰的寿命有多长

军舰的寿命不仅会受到船体本身耐久性的影响，还会被运用方法等外界因素所左右。

造成长寿舰或短命舰的原因

现代军舰船体使用钢铁制造，寿命约为30到40年，若对其进行改装维护寿命会更长。实际上，美国“中途岛”号（53400吨）曾服役52年，而美军核动力航母的现役时间也设定在50年。

军舰使用寿命的长短不仅仅取决于其本身的性能，更多的是靠运气决定的。且不说在战场上不幸被击沉，就是在其他情况下，军舰也可能会成为“废舰”。

在战争时期有些军舰因无法被拖回修理就会自沉，还有一些军舰即便是回港，也会被判定为无法修复而被当做废舰处理。

而部分军舰则是由于海军条约等政治因素必须被当做废舰处理，特别是在签署《华盛顿海军条约》后，各国都有许多军舰被强行处理。在第二次世界大战之后，由于裁军的缘故，美国军舰舰艇也出现过很多提前退役的情况；有些国家则由于用于维护军舰的费用过于昂贵而把军舰转卖或者解体。

有军舰寿命被人为缩短的情况，自然也有军舰寿命被延长的例子。有些军舰在退役后会被再度出租或转卖给其他国家继续服役。对于自行建造新军舰有困难的国家而言，对军舰进行改装维护可以使其服役期增长。

世界上服役时间最长的军舰

“拉贾·胡马邦”号(Rajah Humabon)是菲律宾海军最大的护航驱逐舰/护卫舰，是菲律宾海军的旗舰，该舰从1943年8月交付美国海军，几经转手进入菲律宾海军，它是菲律宾海军乃至全世界最古老的现役舰船。

军舰的寿命有多长

护卫舰
“村雨”号（日）

第一代村雨护卫舰，标准寿命

核潜艇
“亚伯拉罕·林肯”号（美）

乔治·华盛顿级核潜艇

航空母舰
“中途岛”号（美）

是一艘大型航母，后接受改装成为现代化航母，曾参与越南战争和海湾战争

驱逐舰
“约翰·罗杰斯”号（美）

二战期间量产的弗莱彻级驱逐舰，后来卖给墨西哥海军，服役时间很长

护卫航母
“圣乔治”号（美）

一开始租借给英国，战后成多余舰只，早早就被拆除

No.009 军舰依靠哪些动力

以前军舰的动力来源多采用蒸汽轮机，近些年来，燃气轮机与柴油机逐渐成为主流。

军舰的主机

军舰的发动机被称为“主机”。

从第二次世界大战到现代，主机大多采用蒸汽轮机，这种发动机以燃烧重油，用锅炉烧出高温高压水蒸汽以推动涡轮机旋转。优点在于即使使用品质很差的燃料也能驱动，且发挥出的性能较为平均；而其缺点则是体积较大、驱动较慢。

核动力发动机是将蒸汽轮机的重油燃烧系统换成核反应堆，在制造与运用上会需要较高的科技能力，费用也相当高昂，但因其功率极强、可以长时间无补给运作，因此美、英、法、俄、中这些大国都装备有核动力舰艇，核动力发动机主要应用在航空母舰或大型潜艇上。

柴油发动机是通过让活塞在气缸内运动来产生动力，原理与汽车发动机相似，缺点在于其产生的噪音比蒸汽轮机还要大、可靠性较差、震动也不小，但其也具有一些不容忽视的优点，像体积较小、装配较轻松、即使使用品质很差的重油也能驱动、还能做出细微的调整，这些特性使其受到一些中小型舰艇和潜艇的欢迎。

燃气轮机是以回旋式的压缩机来将空气吸入，并让空气与燃料一起燃烧，以其产生的燃气来推动涡轮旋转，与喷气式发动机原理相同。使用这种发动机会产生较大噪音，燃料只能采用轻油或喷射燃料、且须具备较高的技术水平；不过由于其功率非常高，被用作新锐舰艇的主机。

电动机是用柴油机或核反应堆来发电，将其储存在蓄电池内，以驱动发动机。这种发动机相当安静、可以对出力进行细微调整、要切换前后进也简单，但其效率极差，只会用于潜行时无法操作燃烧机关的潜艇、要求静音性的海洋勘探船、需要频繁切换前后进的破冰船等特殊舰艇。

军舰的动力

蒸汽轮机

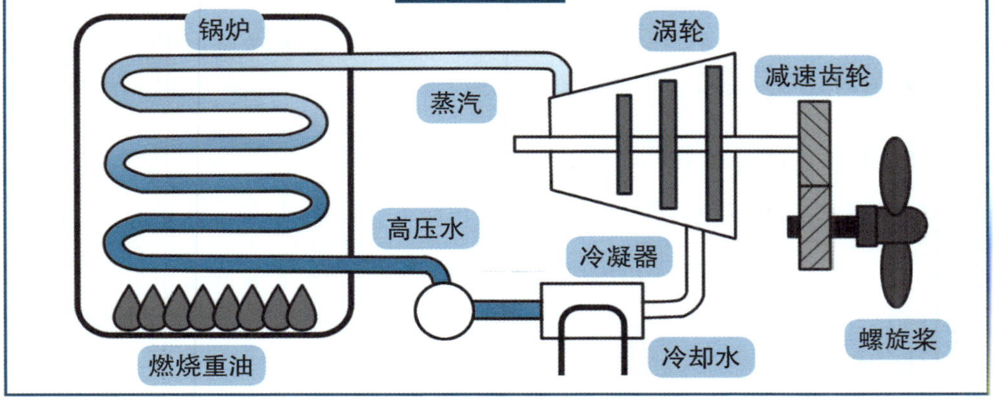

柴油机

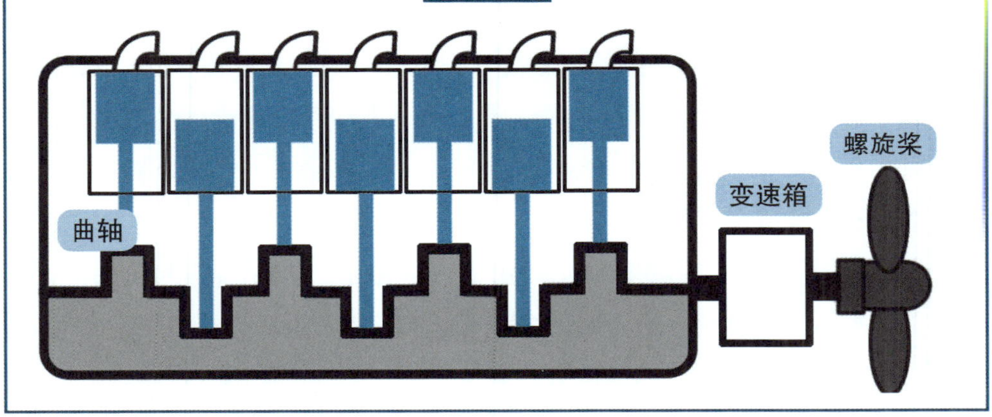

燃气轮机

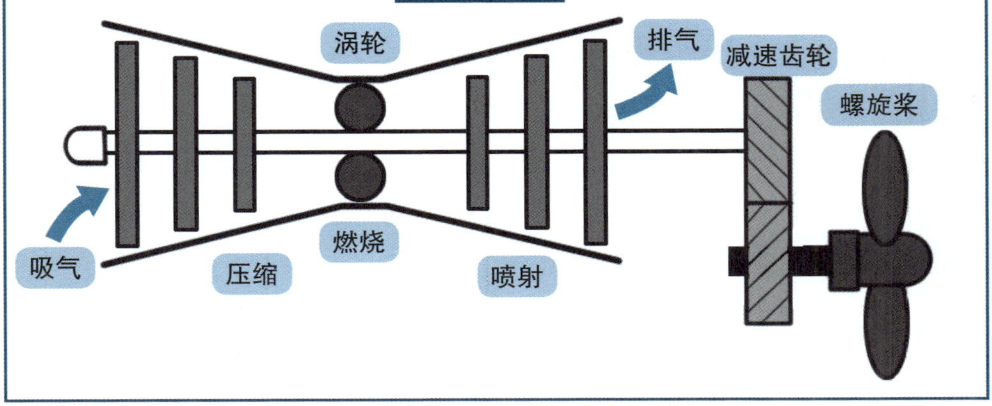

No.010 何谓核动力军舰

核动力舰艇是在第二次世界大战后才被付诸实行的技术，可算是大国的象征。由于核动力装置在运行时不需要空气，因此非常适用于潜艇。

1
2
3
4
5

实现理想的核潜艇

1946 年，美国开始研究将核能应用在舰船推动装置上，核动力潜艇“鹦鹉螺”号（Nautilus，水下排水量 2980 吨）于 1954 年开始服役。在此之后，许多现代航母与潜艇都改用核反应堆取代锅炉的涡轮装置，将船舰之前的涡轮装置锅炉部分换装成核反应堆变成了核动力舰艇。

核反应堆采用压水式反应器，用被加压一次的冷却水使二次冷却水沸腾，并靠其产生的蒸汽力量推动轮机旋转。蒸汽经过冷凝器再度变回水继续成为二次冷却水，这种装置与一般的核能发电厂的核反应炉构造上并无太大差距。

由于核动力装置出力很高，所以即使是再大的船舰在进行高速航行时也能为其提供足够的动力。而核燃料的补给只要隔数年更换燃料棒即可，甚至在某些新型舰艇上已采用可算是半永久型的免交换式反应堆。

相对于其优点，由于核反应堆要求船舰具有相当的安全性与可靠性，所以搭载船舰难以小型化，且其静音性能不佳，乘员也需具备核反应炉专业知识，否则一旦发生事故，造成的损害是难以估计的，想正常运用也很困难。

但即使如此，核动力装置的优势还是相当大的，就拿其“能够在水下长期航行”这一点来说，就远胜于其他动力，但是就现实而言，乘员是无法忍受长期航行造成的心理压力的。另外，使用核动力，潜艇能更好的保持其隐秘性。

美国不仅将核动力应用在潜艇上，还用在了航空母舰上，在冷战时期，美苏两国还曾将核动力装置使用在巡洋舰上，但现在俄罗斯除了基洛夫级（Kirov）之外，其他的核动力船舰均已退役。

核动力潜艇

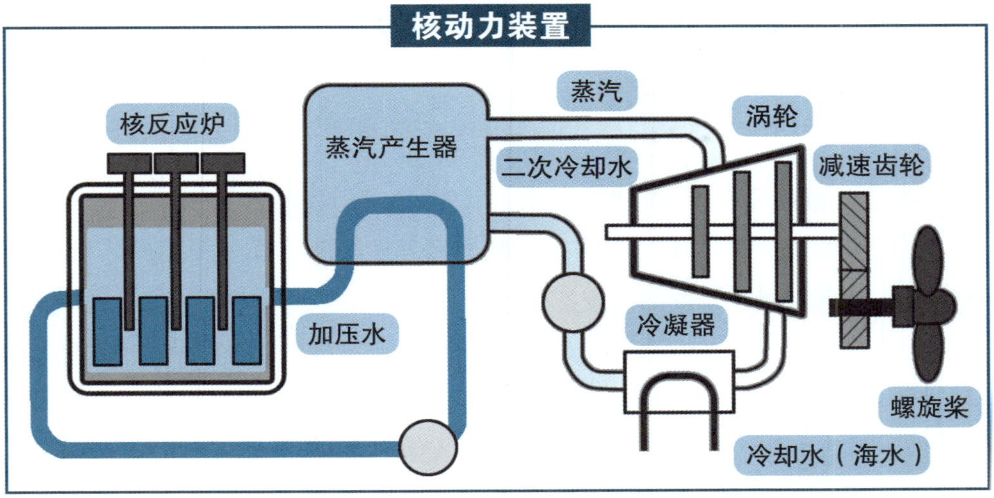

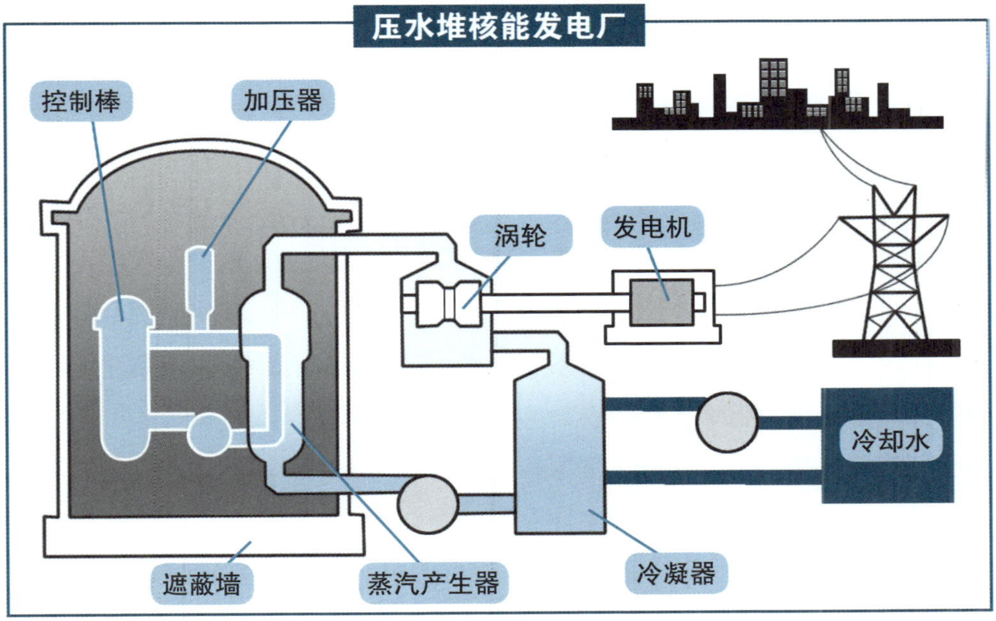

差异	
核动力装置	压水堆核能发电厂
涡轮的旋转会成为推进力	涡轮的旋转是用来发电

No.011 军舰如何行进

虽然大多数军舰依靠螺旋桨行进，但也有些军舰会采用其他较为先进的推进装置。

战后发展起来的各式推进装置

由于军舰也算是船舶的一种，因此也像其他船舶一样是用螺旋桨行进，在第二次世界大战中，全部军舰都是依靠螺旋桨推进的。

对于采用蒸汽轮机、核动力轮机、燃气轮机等较难对旋转进行微调的机关而言，高速旋转的动力轴就必须要通过减速涡轮才能调整至适合螺旋桨的回转数，且由于涡轮无法反向旋转，因此有时需要使用能反向旋转的涡轮。近年来曾出现过装备可变螺距的螺旋桨，可以在不用反转大轴的情况下向后方前进。

若是军舰装设可轻易调整回转数或进行反转的电动机关，就不用再装上庞大的减速装置，而能让动力直接连接至螺旋桨。

水喷射前进，则先吸取四周的水，再将其向后喷出，以高速水喷流达到前进的目的。这样不仅可以做出螺旋桨难以达到的高速行进，静音性也相当优秀，但因其能量效率不太理想、不适合低速行进，因此有些船舰会将其与螺旋桨配合使用。这种技术属于最新技术，现阶段只有导弹艇或高速运输船等需要高速行进的舰艇才有搭载。

气垫船（Hovercraft）从上方吸取空气，再传送到船体下方，以空气压实现浮升目的。由于这样只能使船体浮升，因此要装上使船体行进的螺旋桨才能前进。这种船噪音很大，能量效率与燃料使用率较差，装备起来也很困难；但由于其推进方法与众不同，船体不会承受来自水的阻力，可以高速行进，在平坦的陆地上也能运行，可以直接从海面转移到陆地上，常被用作高速登陆艇。

军舰行进方式

螺旋桨推进

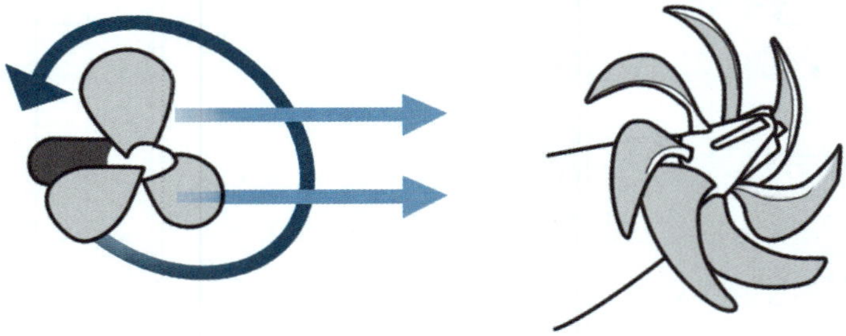

螺旋桨旋转产生的升力产生潜艇前进的动力

近年来螺旋桨采用一种形似镰刀的高歪斜螺桨（Highly Skewed Propeller）为主流，静音性能要比以往的螺旋桨要优秀，并且更小

可变螺距的螺旋桨

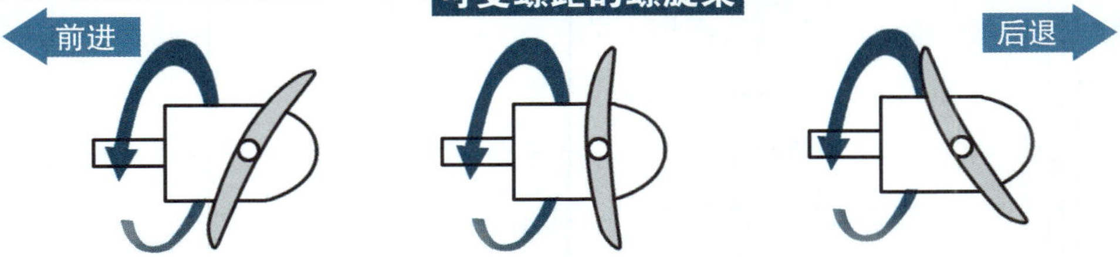

就算不用改变轴的旋转，也能依靠变换桨叶的角度来控制船的速度，并切换前进后退

水喷式推进

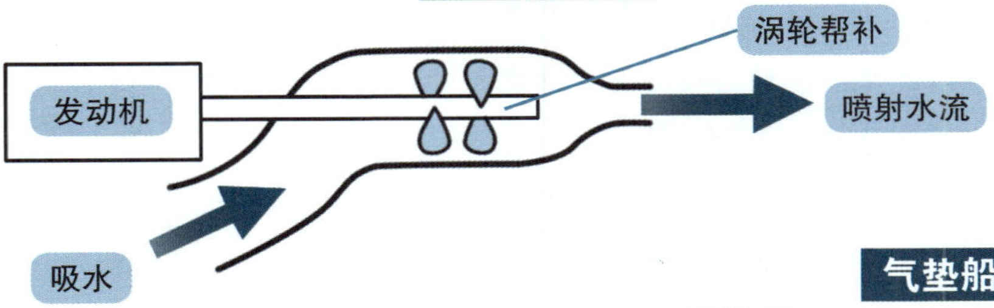

气垫船

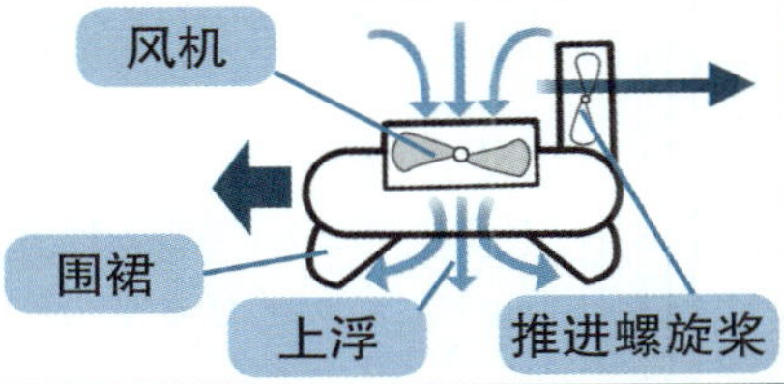

以风扇向下方喷出空气，使船体腾空上浮。在船体下方装有称为围裙（Skirt）的侧壁，用来维持喷出的空气。这样让船浮起来以后，通过推进的螺旋桨来行进

No.012 给军舰涂装迷彩有用吗

就像战车和战斗机一样，军舰上也可以通过涂装迷彩来欺敌。

各式各样的欺敌方法

大多数军舰常被涂成灰色，这是为了要使其更好的融入水平线中，也就是说这种被称为“军舰色”的灰色也是一种迷彩涂装，而且这种灰色可以根据活动地域与自然条件等进行相应调整，像英国与日本的军舰在色调上就会有一些微妙的差异。

除了灰色，还有其他的颜色可用于军舰涂装。

其中之一就是航空迷彩色，一般涂在舰艇的顶部，以雷伊泰湾海战中日本航空母舰为例，其在飞行甲板上分区涂施深浅相间的绿色和木甲板色，目的是让敌人能因此误判舰种与前进方向。

另一种是在船身侧面图涂上对舰迷彩涂装，以确保自舰不被那些只能通过一瞬间目测确认目标的潜艇发现。这类迷彩在德国军舰上比较有名，其作用就是使敌人误判舰种，并且希望靠几何学的花纹使敌方难以推测前进路线。

另外，德国海军还有一种较为独特的方式，就是让战列舰俾斯麦级（Bismarck，41700 吨）、战列舰香霍斯特级（Scharnhorst，31500 吨）、重型巡洋舰希佩尔海军上将级（Admiral Hipper，14050 吨）在舰型上看上去很相似，企图以此来混淆敌方视线，且其在设计阶段就已开始准备好涂装迷彩，在实战中也确实达到了预期效果。

军舰的迷彩涂装并不是用以隐藏自身存在，而是为了要在战术上使敌人产生误判。不过大多数在近岸活动的舰艇与停泊在海港内的船舰而言，也需进行可使其融入周围环境的陆军式迷彩。

现在，由于雷达与各种探测器的不断进步，只能欺骗肉眼的迷彩涂装不再起作用，因此不再在军舰上进行迷彩涂装。

在军舰上涂装迷彩有效吗

日本轻航母“瑞凤”

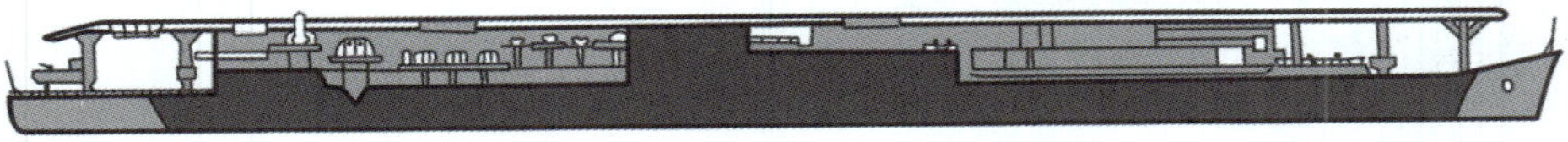

在飞行甲板上涂着类似于炮舰的迷彩，企图令人误认为它是有大型炮塔的军舰。另外，舰首、舰尾也画成偏离原本轴线的方向，使敌人误判其前进方向，进而达成扰乱敌人、扰乱轰炸瞄准的作用，侧面则涂有仿商船的迷彩，希望令潜艇误判

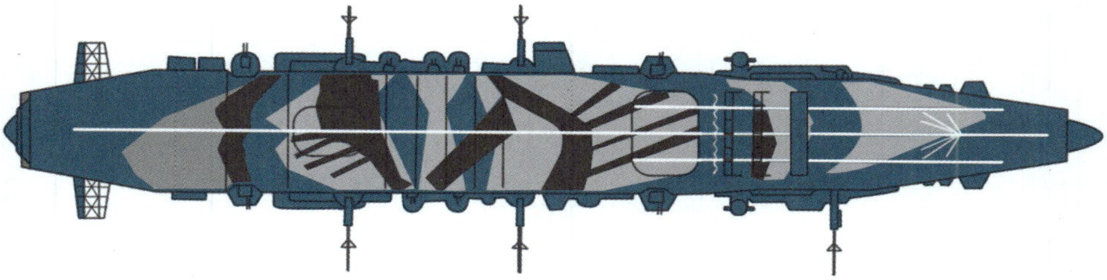

德国军舰的迷彩

德国的大型舰艇都建造成雷同的外形，使敌人误认。在涂装方面，也涂有偏离轴线的迷彩，舰尾的白色涂装则是希望敌人误判前进方向

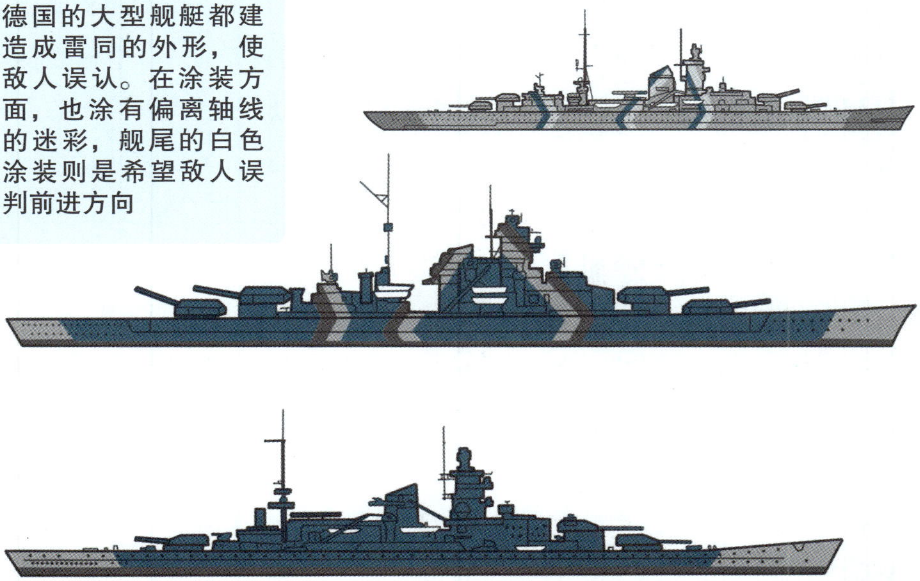

No.013 什么是军舰的装甲

第二次世界大战时期，常将添加镍与铬的特殊钢材在表面进行硬化处理，当做军舰装甲使用。

1
2
3
4
5

制造很费力的装甲板

19 世纪末登场的装甲舰上所采用的装甲是一种耐弹能力比铁或软钢还强的特殊钢，由于这种钢由英国维克斯（Vickers）公司和德国库鲁伯（Krupp）公司生产，因此又称为 VC 甲板、KC 甲板。世界各国海军大多采用的都是这两种装甲，或是将之国产化。

日本于 1910 年进口 VC 甲板，在进行分析后开始自行制造。VC 甲板是一种在高纯度的铁中添加碳、镍、铬来精炼，以大型轧延机加工成必要的大小之后，再送进加热炉中进行渗碳热处理（让甲板表面渗入碳），使表面硬化而制造出的钢铁。

由于这种甲板制造需要耗时一个月，因此并不适于量产，其常会结合不需要经过渗碳的 NVNC 甲板使用（NVNC 甲板在巡洋舰等装甲较薄的舰种上被广泛采用）。由于日本并不出产镍，因此制造出添加钼或铜的甲板来代替。

在制造战列舰“大和”号的时候，日本使用的就是把 VC 甲板改良而成的 VH 甲板，这种甲板把用于进行表面硬化的渗碳加工改成以淬火的方式来硬化，可以发挥出比 VC 甲板更优秀的强度。

另外，在军舰的构造材料上也使用过一种称为 DS 钢（Ducol Steek）的特殊强度钢材，这是一种添加了锰的钢材，拥有可以充分吸收、分散施加于船体上力量的性质。

现代军舰并未使用特殊钢，而是以一般钢材制成，虽然有一段时间也采用过铝合金来当做材料，但由于其耐热性不强，在维护上也很难处理，到现在已不再使用。

依据国家的不同，有时为了增强防弹效果，还会在表面上贴上凯夫拉纤维等新材料。

军舰装甲

装甲板的制造法

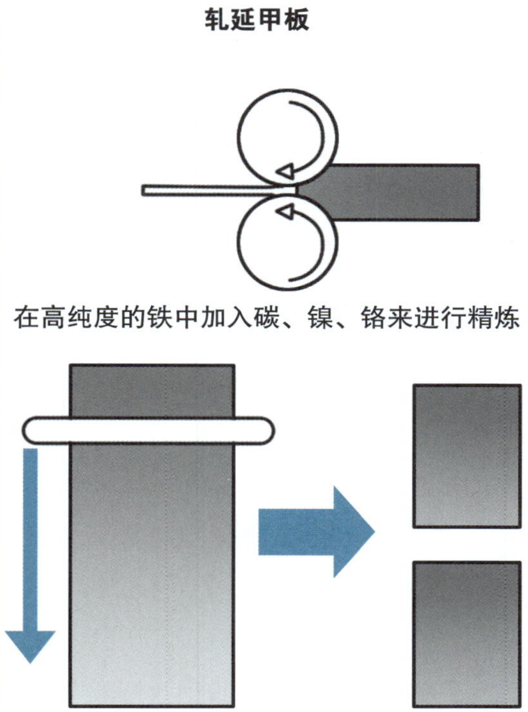

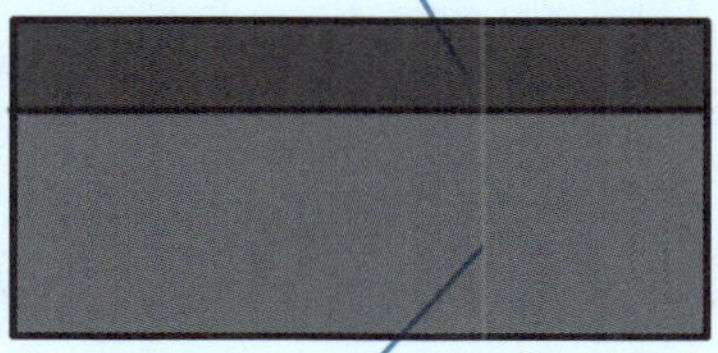

非掺碳表面硬化甲板

不做渗碳处理，而是靠猝火来使表面硬化

“大和”号甲板使用情况

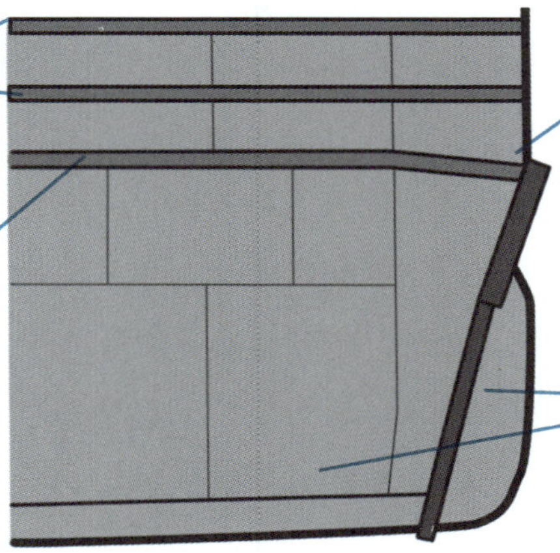

No.014 军舰需要防御的重点在哪里

军舰容易受到攻击的部位随时代的改变而不断变化，由于不能将其完全包裹在装甲中（会过重），防御方式只能随其防御重点改变而不断变化。

直接与间接；垂直与水平

炮塔、轮机舱、弹药库等都是军舰的重要位置，也是其弱点所在。对于这些被称为要害舱区（Vital Part）的区域应运用装甲以增强其防御能力，这种防御方法被称为“直接防御”。由于不能对军舰整体施以装甲保护，所以会将要害区域以外的地方分成小舱区，以减轻损害，这种防御方法这被称为“间接防御”。驱逐舰等级以上的军舰多是兼具两种防御方法，而此级别以下的军舰则仅采用间接防御。

在军舰上加装装甲最早出现在 19 世纪，当时的交战距离约在 5000 米，其主炮的弹道较为接近水平，因此舰体的侧面常会受到较多的攻击，而在舰体侧面加装装甲可以提高其防御能力。这种防御舰体纵向立面的防御方式被称为“垂直防御”。

到了第一次世界大战这种防御发生了变化，1916 年的日德兰海战中，英、德两舰队距离 15000 米左右开战，火炮射角（击发炮弹的角度）约为 15°，炮弹会从斜上方下落，致使英军有 3 艘战列巡洋舰由于被炮弹击穿未进行过强化的甲板、引爆弹药库而爆炸沉没。

经过这次惨痛的教训，军舰开始重视“水平防御”，即要加强船体顶面的防御工作，除此之外，为了对付在船舰周围水面下爆炸的炮弹，船只出现进水或发生火灾时的应急处置方法也逐渐受到人们的重视。特别是在《华盛顿海军条约》失效后设计出来的军舰，其水平防御与多层次的水下防御都比较完备，还加强了排水装置、注水装置等设备。

不过不管舰船如何改装，来自空中的打击力量的逐渐增加，飞机的攻击成为令军舰头疼的大问题，而随着反舰导弹的出现，靠装甲增强防御的方式已经逐渐被淘汰。

军舰的防御重点

交战距离与着弹点

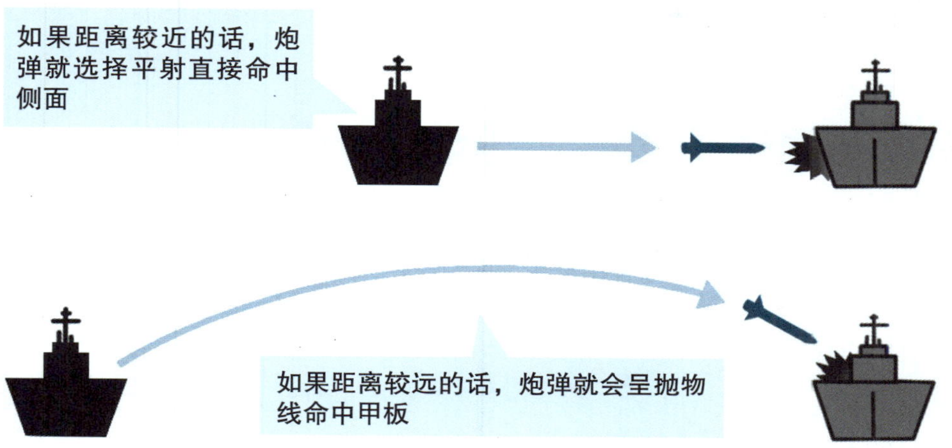

直接防御与间接防御

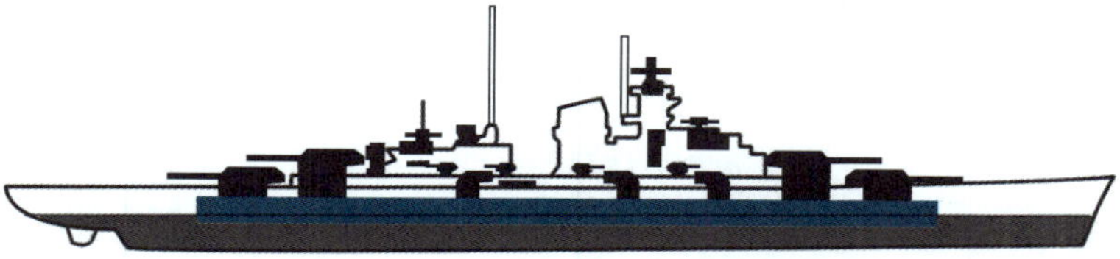

黑色部分是有装甲的部位，装甲只会包裹轮机、主炮等重要部分，因为船体整个用装甲包裹的话就会无比沉重

在舷测与甲板上采用直接防御的方式，而其它部分则会切割成许多小的舱区进行间接防御。吃水线以下会采用多层构造，防止进水

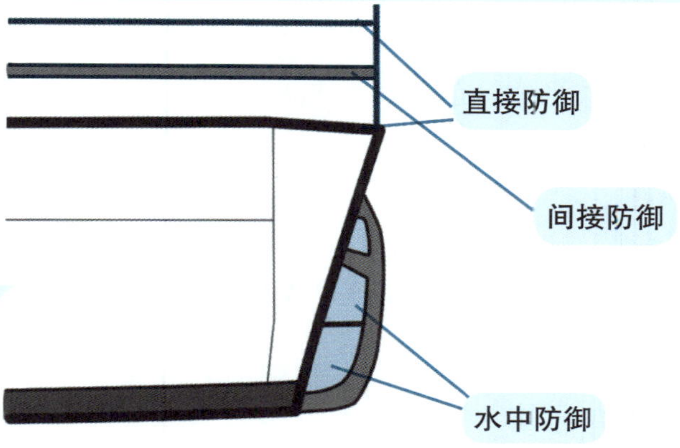

No.015 什么是舰队

实际上，只要有两艘以上采取相同行动的军舰集团就能称为舰队。

历史上舰队意义的变化

一般而言，只要有复数的军舰一起出现，就能称其为舰队。

在军队组织中，被称为舰队的集团通常规模都比较大。以现代美国海军中被称为“任务部队”（Task Force）的机动部队为例，其并不算舰队；只有下设有数个任务部队的集团才被称为“舰队”（Fleet）。就实际而言，舰队的意义依时代与状况的不同而发生变化。

舰队的起源相当单纯，就是想使己方在战斗中占据有利位置，而将单一军舰的数量增加到两艘、三艘、甚至更多。

舰队海战的意义甚至对历史进程的影响往往十分巨大。

早在公元前480年的萨拉米斯海战中，希腊海军以386艘舰艇与波斯军684艘舰艇展开激战并胜利，直接导致了出动大军的波斯帝国在第一次希波战争中的失败。在新航路开辟后的殖民时代，英国先后在海上击败了红极一时的荷兰海军和西班牙的无敌舰队，这才取得了其世界范围内的霸主地位。

二战以来，决定海战胜负的力量不仅仅是双方舰队，空中打击力量的增强使舰队面临新的挑战。

总之，舰队不仅仅是集中起若干舰船，更重要的是要令这些舰船通过配合行动，形成一个有效率的战斗集团。

萨拉米海战是波希战争中双方舰队在萨拉米斯海湾进行的一次决定性战斗。公元前480年，波斯国王薛西斯一世率大军30万、战船1207艘，分水陆两路远征希腊。波斯陆军迅速占领北希腊，攻克温泉关，直取雅典城。后来希腊海军将波斯战船引入狭窄的萨拉米湾前后夹击，波斯战船体大笨重，在狭窄的海湾运转困难，前进不得，后退无路，自相碰撞，乱作一团。经一天激战，波斯舰队遭到重创，被迫撤退。

舰队的阵型

单横阵

让各舰横向排成一排，在早期采用冲撞战术的时候会使用，到一战以前便已经不再用于战斗阵形上。不过警戒与排雷的时候还会使用

单纵阵

让各舰纵向排成一排，可以令船舰最具攻击力的侧面朝向敌人，舰队运动和指挥也比较容易，是海上炮战的基本阵形

圆阵

把需要保护的舰艇（航空母舰等）配置在中间，然后由护卫舰艇围绕在周围。是防空和反潜战斗的基本阵型

中央的舰艇有时候并不止一艘，周围负责护卫的舰艇也可能更多，还会用飞机来将防卫线外扩

No.016 舰队决战对战争进程有什么作用

日本海军以战列舰为中心，编组成大型舰队，且将大规模海战当做扭转战争的决胜点，不过这样的构想是错误的，只能化为泡影。

舰队大决战

以庞大的海军舰队相互进行大规模的海战，其中一方最后因为损失过于严重而失去战斗力，并以此决定战争的走向，这样的例子在过去曾出现过几次，像上古时代的萨拉米斯海战（公元前480年）、格瑞福兰海战（公元1588年）等。

1916年，爆发了第一次世界大战中规模最大的海战——日德兰海战。这次战役对一战进程影响巨大，德军试图冲破海上封锁线的举措失败，开始进行无限制潜艇战，直接导致了美国参战。

舰队决战的结果的确有可能导致战争结束，投入大规模战力的战役理应取得胜利，但“为了结束战争而进行舰队决战”这种构想是本末倒置，属于天马行空的幻想。

第一，导致发生舰队决战的情况可遇而不可求，虽然战力较差的国家倾向于集中战力使战争早些结束，但若是其对手并无这样的想法，而选择暂时退让，那么进攻一方便无法实现预期的战果。

在第二次世界大战时期发生的太平洋战役中，爆发过中途岛海战、珊瑚海之战、瓜岛战役等多次大规模海战，但这些战役都未能最终决定战争的胜负。这是因为当战争形态已经演变成全世界规模的总体战时，单场海战的作用往往会下降到战术层面。

从实际来看，美国的综合国力独霸一方，能够与之抗衡的海军根本不存在，像过去那样大规模的海战几乎不可能再发生。

舰队决战能使战争结束吗

日德兰海战

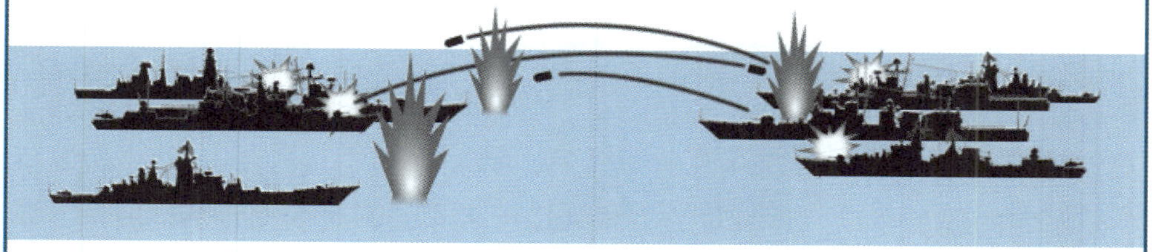

这是第一次世界大战中最大规模的海战，也是这场战争中交战双方唯一一次全面出动的舰队主力决战。英德双方累计出动了250艘战舰交战，战术上德国击沉了英国较多的的舰船，而战略上，从此英国皇家海军将德国海军牢牢封所在了德国港口，再无作为

第二次世界大战时发生的舰队交战

1940年4月9日 挪威海域　德国 VS 英国

“沙恩霍斯特”号（受损）
“格奈森瑙”号
VS
“名望”号（受损）

1940年7月3日 阿尔及利亚　英国 VS 法国维希政府

“果决”号　“胡德”号　“勇敢”号
VS
“布列塔尼”号（重创）　“敦刻尔克”号
“普罗旺斯”号（重创）　“斯特拉斯堡”号

1940年7月9日 卡拉布利亚海域　意大利 VS 英国

“朱利奥·凯撒”号（重创）
“加富尔伯爵”号
VS
“厌战”号　“君权”号　“马来亚”号

1941年5月24日 丹麦海峡海战　德国 VS 英国

“俾斯麦”号（轻损）

1941年5月27日

“俾斯麦”号（重创）
VS
“胡德”号（沉没）
“威尔斯亲王”号（轻损）
“乔治五世”号
“罗德尼”号

1942年11月8日 卡隆布兰加　美国 VS 法国维希政府

“马萨诸塞”号
VS
“让·巴尔”号（重创）

1942年11月14日~15日 瓜达尔卡纳尔岛海战　日本 VS 美国

“雾岛”号（沉没）
VS
“华盛顿”号
“南达科他”号（重创）

1943年12月26日 巴伦支海海战　德国 VS 英国

“沙恩霍斯特”号（沉没）
VS
“约克公爵”号

11944年10月24日~25日 苏丽高海峡海战　日本 VS 美国

“扶桑”号（沉没）
“山城”号（沉没）
VS
“西维吉尼亚”号　“加利福尼亚”号
“田纳西”号　“密西西比”号
“马里兰”号　“宾夕法尼亚”号

No.017 舰员需要做哪些工作

只有军舰上搭载的不同领域舰员各司其职才能发挥应有效能。

舰内编制

军舰的舰员会以“兵科”的方式来执行工作，不同国家、不同时期、不同舰艇种类与大小对兵科的分类各不相同,在此以日本自卫队为例进行说明。

舰长是指挥全体舰员的最高负责人和监督者，当军舰位于公海或是国外时，其还要充当自己国家的代表，责任重大。

副舰长是舰长的辅佐，不过在大型舰艇上除了副舰长以外的士官有时也会担任舰长的辅佐。

炮雷科在以前分为炮术科与水雷科，负责武装的整备与运用。

船务科负责通信、电子设备的整备与运用。以直升机搭载舰艇而言，船务科还要执行航空管制。

航海科负责舰艇的航行。机关科则跟航海科关系密切，必须要担负船舰主机的相关工作,在核动力舰艇上,还要另设负责管理核反应炉的核反应炉科。此外，在发生意外时进行船舰应急维修的损害管制班（应急班）也隶属于机关科。

补给科，也称为主计科，除担当船舰的经理、行政、补给业务之外，还负责膳勤工作。

包括负责处理受伤与疾病的军医与医护兵在内，卫生科还担负管理舰内卫生保健工作的工作。

飞行科，指直升机搭载船舰上飞行员与整备员的集合体。在美军航空母舰上，飞行科是由专门负责飞行甲板作业的人员组成，另外有整备科负责舰载机的整备，而飞行员与一部分的整备员则隶属于跟舰上乘组员完全不同部队的飞行队。

舰员工作安排

舰员配备

战列舰“长门”定员 1317 人	
士官	47
特务士官	16
准士官	14
下士官	328
兵	912

特务士官是从下士官中选拔出来晋升的士官

舰长
副舰长
全体舰员的最高负责人和监督者

飞行科
飞行长
负责飞行人员、飞行装备的仪装整备，航母上会专门设置整备科负责

航海科
航海长
负责舰艇的航行、导航、瞭望等

机关科
机关长
轮机、发电机的运用整备

炮雷科
火控长
负责武装的整备与运用，还有的会专门设置水雷科

工作科
工作长
在舰内对必须品和用具进行加工制作，还要负责排水和应急修理

通讯科
通讯长
负责通信、电子设备的整备与运用

医务科
军医长
军医和医护兵

运用科
运用长
负责舰体本身的整备、备用品的管理，也负责损害管制

补给科
补给长
负责船舰的经理、行政、补给、膳食等

No.018 舰员在军舰上怎样生活

就军舰而言，舰内生活跟航海有关的事项与一般大型船舶相似，最大的不同点就在其需要进行军事训练。

军舰上的勤务与日常生活

在军舰上，不论白天黑夜。舰员们都会时刻保持战备状态，因此常将一天 24 小时分成 3~4 班轮流值勤。当值的舰员（以日本海上自卫队为例）一般早上 6 点起床，22 点熄灯，吃完晚餐并打扫结束后，还会进行在船内的巡检与点名，巡检后一直到熄灯都是自由活动时间。

一般而言，除执行各种训练和整备外，为保持体能，要进行运动，因此在美军航空母舰等舰艇上还设置了健身房。

由于核动力潜艇舰员有限，轮值多是一天 2 班制，而海上自卫队是一天 3 班制，依据舰种与任务的不同，生活形态也有所差异。

舰员的起居室与寝室按级别等各有不同。舰长等高级干部会有个人舱房，军官一般是住在 2~3 层床的小舱中，士官与士兵则是睡在 2~3 层床的大舱间。由于潜艇内部空间有限，一张床位多以 2 轮、3 轮的方式让多位舰员轮流使用。

附带一提，日本海军的士兵都睡在吊床上，在战斗时会将其卷起当做防弹装备挂在舰桥等处的外面。

对于吃饭这个问题，在潜艇上供餐会特别美味，毕竟在吃饭时间也算苦中作乐了。日本海军在每周五会吃咖哩饭这件事是非常出名的，这样做能让士兵不至于在漫长的航行中失去度过每个星期的乐趣。

虽然依据各军队传统，在吃饭方面会存在一定的差异，但大多数国家的军官与士兵菜单还是不一样的，日本海上自卫队就是相当罕见的依据军阶来调整菜单内容，不过高级军官旁常配备副官，餐具也会使用高级货。

在自由活动时间，舰员可以在舰内的商店购买生活用品或休闲用品，虽然在美军与日本海上自卫队将酒列为禁品，但英国海军是允许喝酒的。

在军舰上如何生活

舰内生活作息表（以日本海上自卫队护卫舰为例）

时间	作息
0600	起床
0605	体操
0630	早餐
0800	工作开始
1200	午餐
1300	午后工作开始
1730	晚餐
1900	打扫
1930	巡检开始
2200	熄灯

军队使用 24 小时制表示时间，且几点几分之间并无分割。如 8:30 写作“0830”念作“洞八三洞”

美军核动力航母舰内设施与服务

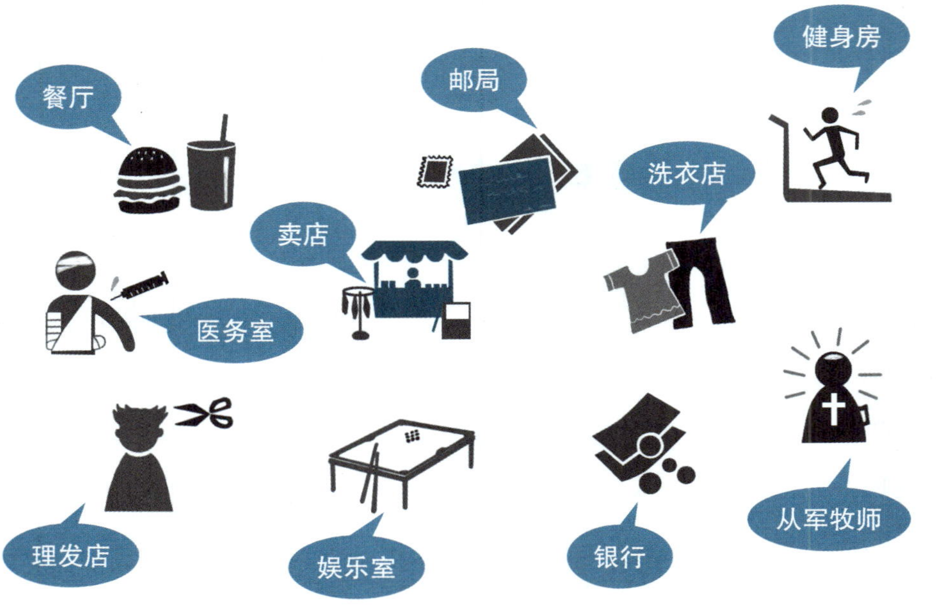

几乎就像个小镇

No.019 舰员落水以后怎么办

在战场上，在承受敌军攻击的同时，营救落水舰员是非常危险的，而要想营救潜艇舰员，即使是在非战斗状态下也是非常困难的。

逃生者与救援者

军舰在沉没入海中之前还会有一段时间，此时舰员常会不管三七二十一直接往海里跳，虽然选择搭乘小艇逃生会比较安全，但往往由于弹药库等会被引爆，使船舰在一瞬间沉入大海，所以跳水也不失为一种合适的选择。

军舰沉没以后，周围的僚舰可能会下放绳梯，或使用救生艇来援助舰员，搭载舰上的小艇也可以放下去当做救生艇使用。

由于救援行动必须要将船舰的速度放慢，因此要算准敌方舰艇攻击的时间间隙进行，毕竟在救援时可能会受到敌方的攻击，自舰也有被击沉的危险。所以对于沉没船舰的舰员来说，若是战况比较激烈的话，可能无法被及时救起。

附带一提，对军舰舰员来说，即使自己搭载的舰艇看上去马上就要沉没了，也不能擅自逃生，在逃生命令下达前逃脱会依临阵脱逃罪论处。

水面舰艇是如此，对潜艇而言，特别是下潜至数百公尺深的潜艇，要顺利逃脱非常困难。因为巨大的水压会影响舰员直接在海中逃生；即使能水里逃出来，要想顺利上浮至海面也非易事。由于要将船体整个打捞起来难度很大，施救者只要将舰员带出来即可，这对只拥有一般装备的军舰而言几乎无法做到，只能等潜艇救援舰到达才行。

在过去，会从潜艇救援舰上将被称为“救生钟”（Rescue Chamber）的吊钟形装置到水面下，救生钟会持续灌入空气，在与潜艇舱门对接后让舰员进入救生钟逃生。

现在由于潜艇的下潜深度已经可以达到救生钟难以达到的深海，且舰员数量有所增加，这时就要靠 DSRV（深潜救援器）进行救难，这种装置能与潜艇舱门对接，救出舰员。

要如何解救舰员

脱逃与救援

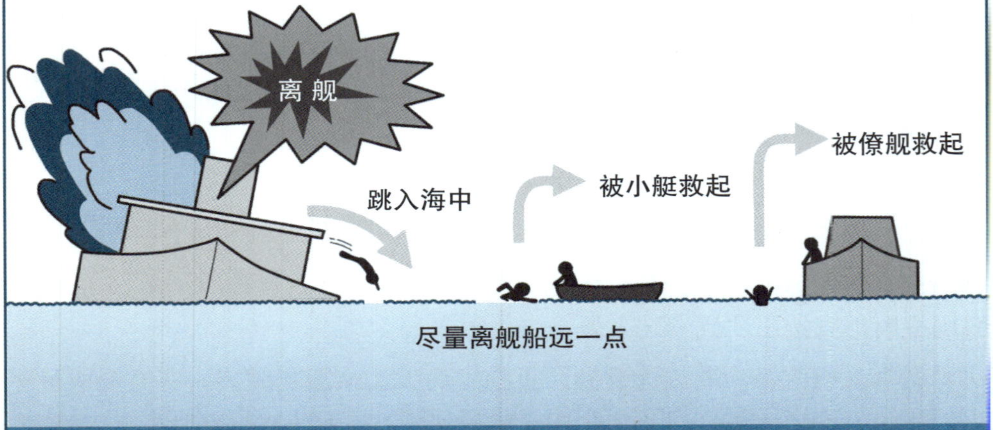

以小艇救援虽然比较容易，但是僚舰在吊放和回收小艇的时候需要停船才行，如果要直接依靠僚舰救援，则需要待救者自行通过舷侧的绳索或梯子爬上去才可以，但是这对负伤者极为困难，而且也要僚舰的速度很慢才能实现。不管哪种方法，在战斗中救援落水人员都是一种很冒险的行为

潜艇的救援

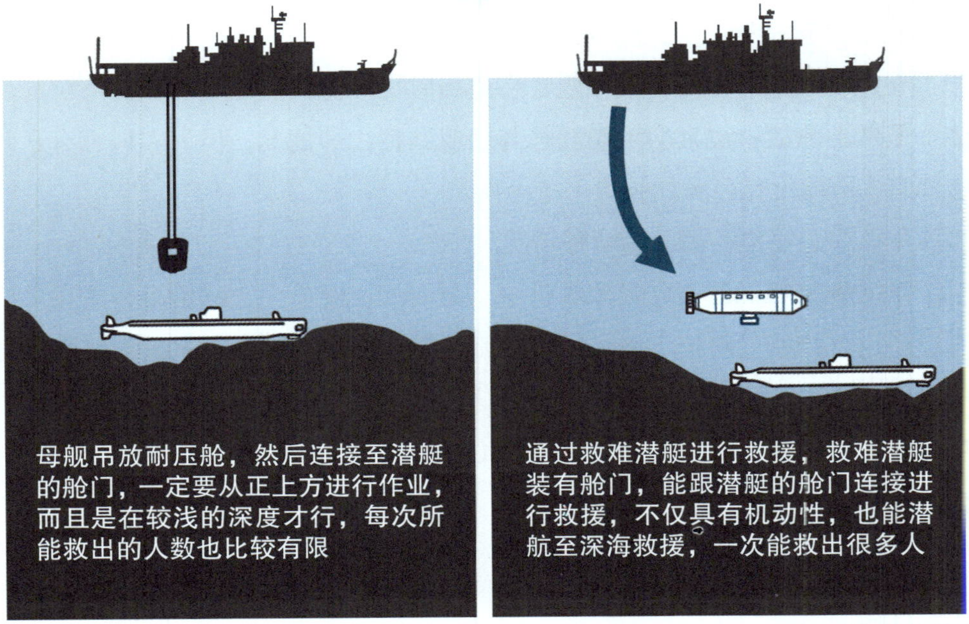

母舰吊放耐压舱，然后连接至潜艇的舱门，一定要从正上方进行作业，而且是在较浅的深度才行，每次所能救出的人数也比较有限

通过救难潜艇进行救援，救难潜艇装有舱门，能跟潜艇的舱门连接进行救援，不仅具有机动性，也能潜航至深海救援，一次能救出很多人

No.020 军舰沉没的时候会怎么样

当军舰沉没时，舰员常需要面对死亡的危险，毕竟军舰上还载有火药，要想从巨大的舰艇中逃出有时会很困难。

各式各样的军舰“临终”

军舰会出现翻覆、搁浅、发生火灾、在战斗中损失掉等情况。

一般船舶沉到水里被称为“沉没”，遇到敌舰被攻击而沉没被称为“击沉”；从攻击开始到击沉为止若只花了数分钟的事件会特别用“轰沉”表示。我国一般都直接用“沉没”来表示。

就算没有沉没，若因为受到严重损害而无法从战场脱离，有时会由自军进行处理，也就是执行自沉，以避免舰艇被敌方虏获或是自身军事机密泄露。此时会打开舰底的阀门使舰艇进水，或是靠其他舰艇进行攻击等方式来自沉。

大型舰艇在沉没时会在水面产生漩涡，特别是当船体断裂成两半时，因为有大量海水涌入船体，常将四周的东西都吸进去。

若船体发生倾斜，有时还会引起新的爆炸，这是由于弹药等被诱爆，或是轮机舱的蒸汽爆炸等引起的。

在进行训练时，都会教导舰员在逃出时尽可能快速地离开正在下沉的船体，虽然在海战中也常会出现舰长与船舰共存亡的情况，但失去训练有素的指挥官在战略上是巨大的损失。

军队失去潜艇一般分为两种情况。

第一种是其无法上浮导致因供氧不足而致使舰员死亡的情况，这在之后可以通过打捞将舰艇捞上来。另一种则是潜艇由于受到损害下沉至过深的海域，而船体因无法承受水压被破坏，这种情况被称为“压溃”，这种情形一旦发生，急速涌入的海水会使舰内空气产生绝热压缩现象，并因此产生高温，在瞬间将船烧毁。

军舰沉没形态

因进水导致浮力降低

若进水质量大于浮力的话，船只就会沉没

因平衡达到极限而翻覆

如果单舷进水过多，船只就会侧翻沉没

火灾

船上发生火灾若是无法扑灭，则需要己方选择自沉

弹药等物被引爆

通常会发生大爆炸，在瞬间就会沉没

船体断裂

船体遭到严重损害，最终无法维持强度

潜艇无法上浮

潜艇出现意外无法上浮，也算是沉没

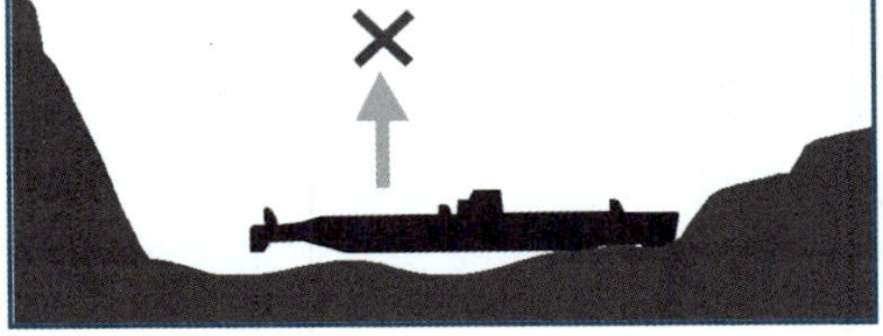

潜艇被水压压毁

潜航超过极限深度，或是因为受损导致耐压能力降低，就会在水压下被压毁

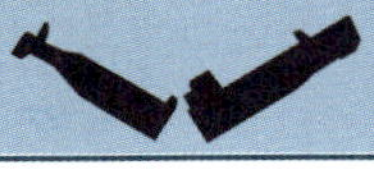

No.021 舰艇的损害管制是什么

损害管制(Damage Control)指把损害控制到最小限度。

用心、努力不让舰艇沉没

军舰是以会在战场上受到损害为前提进行设计、组装的。在建造时，船体会被分割成多个气密舱区，这样可以在部分舱区出现破洞的情况下保证其他舱区不会进水，以维持浮力。另外，军舰常加装有排水进水功能的设备及消防设施、防止弹药库被引爆的注水装置等，为防止发生火灾，还会尽量避免使用可燃性较好的建材。

用顶木板的方式堵住漏水处、填补飞行甲板上的洞穴、以木条修补舱壁等应急措施，在科技高度发达的今天，仍被沿用。

若船体大量进水造成大幅倾斜，有时也可采用在另一边注水的极端手法来恢复船体平衡，防止翻船。

以上所列举的这些用以提高船舰生存性的设计、系统、装备、乘员行动等都可以统称为“损害管制”。

在第二次世界大战中，日军相当轻视损害管制，仅以船舰的一般船员部署进行应急反应；而美军则编制有专门的损害管制部门，在实战中美军损害管制的作用发挥出色。

以中途岛海战为例，美军的航母“约克郡”号（Yorktown）被 3 枚 250 公斤炸弹命中而无法行进并发生火灾，但大火被扑及时灭，使该航母重回战场。即使后来又不幸被 2 枚鱼雷击中也并未沉没，不过最终还是在脱离战场途中再次被鱼雷命中而沉没。

而在马里亚纳海战中，日本航母“大凤”号在被美军潜艇一枚鱼雷击中后，虽损害轻微，但因其受冲击后燃料气化并被引燃，发生大爆炸沉没。

虽然运气对船舰受损伤的影响很大，但损害管制也是很重要的。

损害管制

以水密舱区来做损害管制

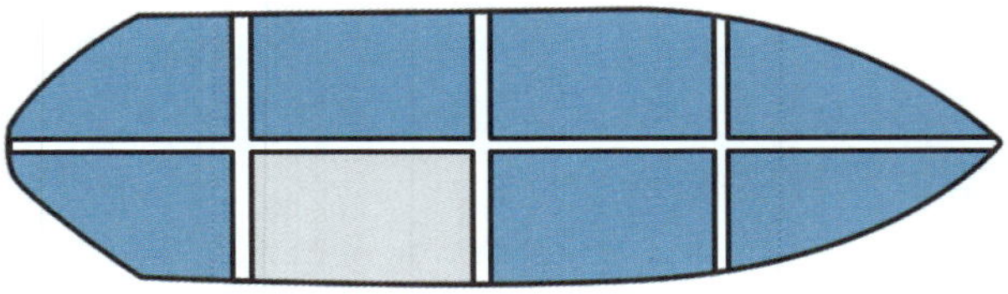

军舰的内部会以水密舱壁来分隔舱区，就算受到一定的损害进水，也能控制进水情况

倾斜的场合

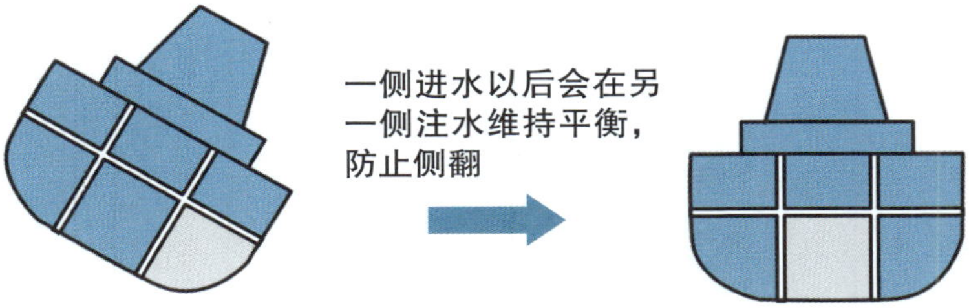

马里亚纳海战中日本航母“大凤”号

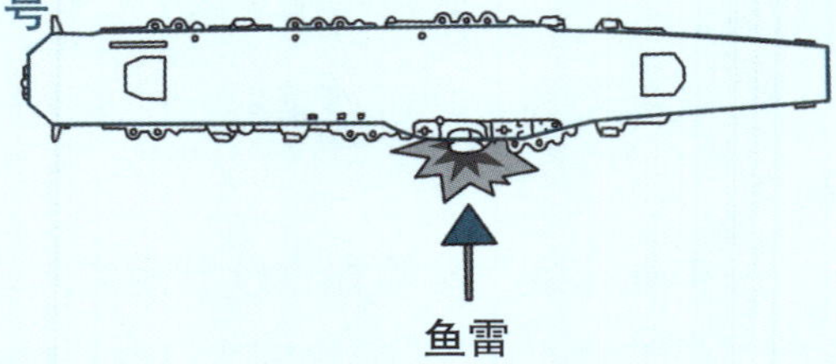

右舷舰桥附近被潜水艇的一枚鱼雷击中。虽然船体并未受到较大损伤，但燃料的储存槽出现裂缝，导致气化后的燃料充满整个仓库，之后被火星引燃，造成大爆炸沉没

虽然这是日军航母中首次采用装甲化飞行甲板以增强防御能力的航母，但由于其气密性容易闷住气化的燃料，使损害更加严重

中途岛海战时的美军航母“约克郡号”

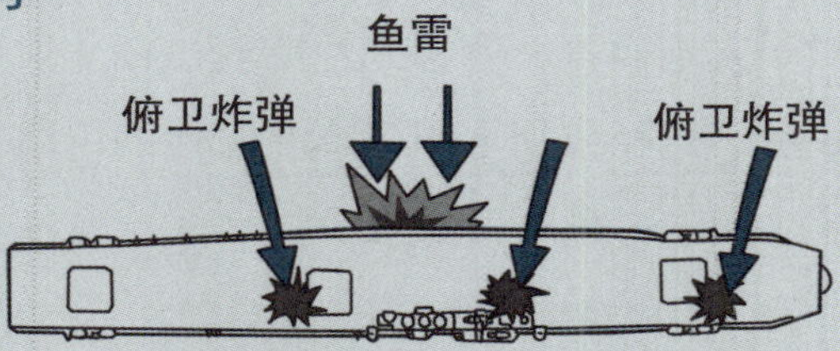

由于飞机俯冲轰炸被 3 枚炸弹击中，发生火灾、主机受损，但由于灭火及主机抢修较为成功，仍可以行进

由于后面又受到两枚鱼雷袭击，船体产生大幅倾斜无法航行，虽已下达全员离舰命令，但紧急抢修仍然奏效，使其恢复到可以自力行进（但最终在其脱离战场前又遭日本潜艇攻击，最终未能摆脱沉没的命运）

No.022 军舰战斗中常说的“诸元”是什么

军舰的规格常被称为军舰的诸元，用以表示军舰的排水量、尺寸、速度、武器等的数据。

1
2
3
4
5

通过数据比较就能清楚军舰性能的强弱

军舰性能的主要数据通常可分为尺寸、速度、武器等三个方面，由于事关各国的军事机密，所以有时也会出现将这些数据模糊化或是制造假数据的情况。

首先是尺寸部分，军舰的尺寸确定方法，与一般船舶相似。

“全长”指军舰最前端到最末端的长度，不包含可活动部分。

“水线长”指吃水线（船壳与水面交汇部分）的全长。

“全宽”指船体最粗部分的宽度。

“吃水”从计划吃水线开始到最深底部的高度，即船体沉在水下的部分。

接下来是速度部分。

“速度”以节（Knot，kt）表示，1 节就是每小时行进 1 海里的速度，划算成时速的话，大概相当于 1.852 千米 / 小时。

“续航距离”是可连续航行的最大距离，即燃料在装满时可以航行的距离。

“巡航速度”常写在“续航距离”之后，用以表示燃料运用效率最佳的速度。若无特殊情况，军舰常以此速航行。

“载油量”表示燃料的最大装载量。

最后是武器部分，一般按主炮、副炮、鱼雷发射器、其他武器的顺序列出。对于火炮而言，会特别注明其口径（炮管内径）、单炮塔所装的门数及炮塔数量。口径依据不同国家与时代的不同，通常以英制单位（英寸）或美制单位（厘米、毫米）来表示。

军舰的诸元

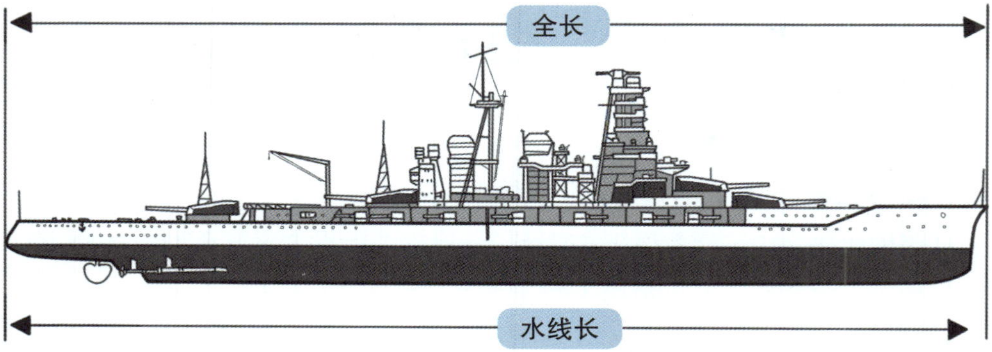

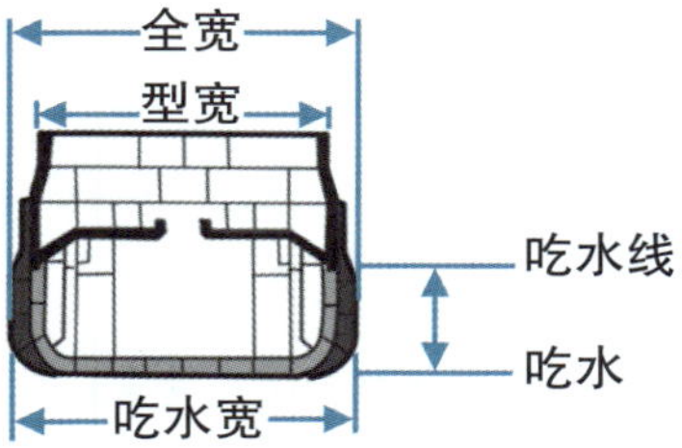

联装有时候会以罗马数字表示（单装为 I、双联装为 II、三联装为 III）为基数 × 数字来表示，例如（356 毫米 II × 2）

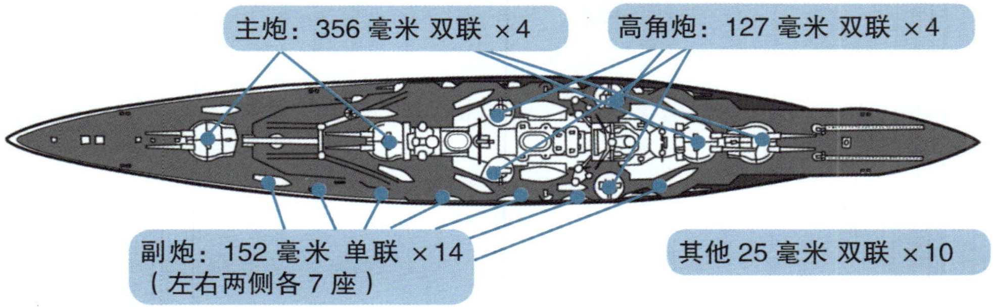

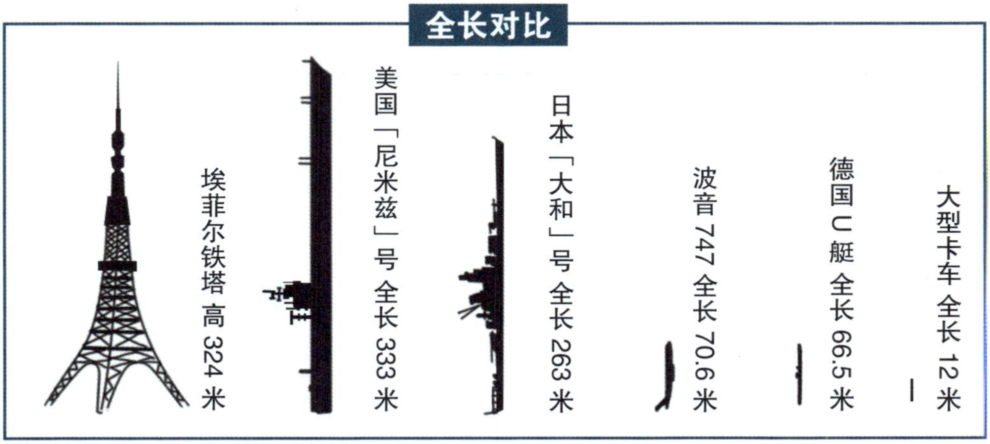

No.023 军舰服役后的海试有什么作用

船体建造完毕，并不能立刻装设武器装备，而需要先下水进行海试才能设置武装。

从下水到交舰之前

船体建造完成，就会先让其下水，这时常会举行下水典礼。

关于下水这个问题，很多人都认为是将船体开到海里去，但实际上，只有在使用船台建造的时候才会进行。若是在船坞建造，就会在向下挖深的船坞注入海水，等船体浮起来再将其拖到海上。

军舰为保密防谍，在建造时会加以掩饰，下水时甚至可能会限制周围人员活动。

日本战列舰“大和”号（标准排水量65000吨）在建造时有在船坞上方加盖屋顶，四周挂上棕榈叶掩蔽，甚至还设置了警卫岗哨。同型舰“武藏号”在船台上设置了掩蔽物，甚至为防止对岸发现，还建立了仓库掩蔽。

在现代像弹道导弹潜艇这样极具隐秘性的舰艇在建造时也会使用有屋顶的船坞。

在下水之后，就可以在船体上设置武装、动力设备及其他设备了，这称为“仪装”。此时，预定成为舰长的人会被任命为“仪装委员长”，一部分预定乘舰的干部会成为“仪装委员”，这就是从军队的角度监督仪装完成。

仪装完毕后，舰艇就算完工了，接下来要进行公试（在公海测试运转），在此时会确认武装的性能，并测试速度等数据。

经过公试之后才能算竣工完毕，可以将军舰交付使用了。接下来，舰员将在正式属于海军所有的军舰上进行熟悉训练，最后才能形成正式的可用战力。

仪装与公试

船坞

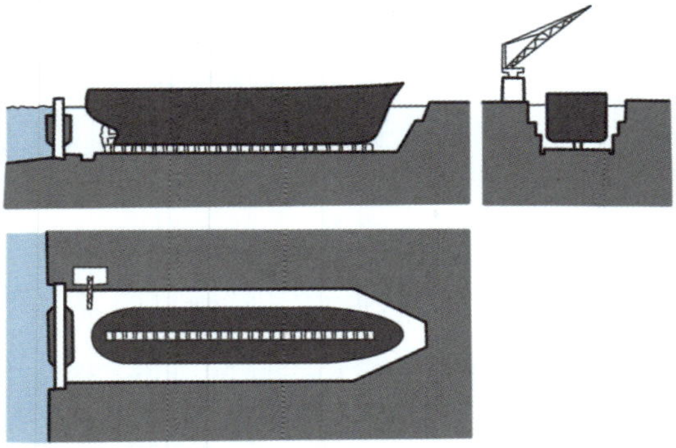

船坞是建造、修理舰艇的地方，分为湿坞和干坞。干坞是在地面挖出长方形凹洞，然后以石头或混凝土加固，并装上注排水装置的设施。当舰艇驶入船坞以后，就把水排掉，令舰艇耸立在坞中，方便修理整备。修理完成后就注水令其浮起，并可直接拖出船坞。专门为造船设置的船坞就称为造船坞，在造船时将水排干，等到下水时在注水将其拖出

船台下水

在倾斜的船台上建造，将固定的装置解除以后，船就会沿着斜面滑入水中

船坞下水

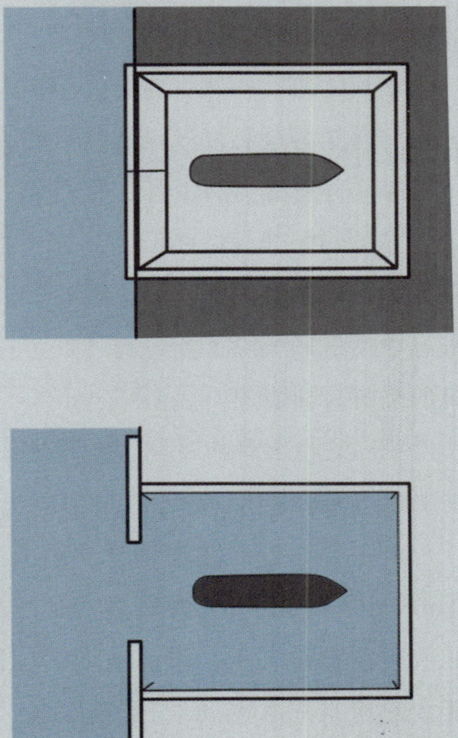

在挖出的船坞中注水，等船浮起来以后，将船拖曳出船坞

No.024 海军基地里有什么

海军基地一般被称为军港，它除了拥有一般港口所应具有的设备之外，军事设施与生活设施也比较完备。

为军舰而设置的综合设施

军港是以军事为目的，特别是当做军舰的根据地而建设的港口。

虽然一般港口也能停泊军舰，但实际上在一般港口，军舰只能补充一般的消耗品、进行粮食燃料等的补给，没有办法完全满足军舰的全部需求。

军港与一般海港最大的差别在于有无设置军事设施，在军港中军舰不仅能进行弹药补给，连武装与电子设备等军舰特有装置也能得到整备。另外，在军港中还设有供建造新舰艇、进行大修、改装、解体用的船坞及船台，及组装用的工厂等。

话说回来，船只本身需要定期进行保养才能保证正常航行，像将积累在船底的海草等杂物彻底剔除可以提高其航行性能，及时在船体上补充被海风中所带盐分侵蚀的油漆等，都能保证船只良好的行驶性能。

军港与一般海港相似，都要注意对船只定期保养，但其更需要注意的是在战争中防御敌人的攻击，因此军港中常装备有防空武器、或是在附近建设机场。在机场上除了配备有各式各样的飞机外，还可用于进行航空母舰舰载机的整备与训练。

第二次世界大战时期，德国海军为使修理、整备中的U艇不受敌机空袭，在船坞上方会建有非常厚实的混凝土屋顶，这是一种保护周全的防空设施。

有一些军港，在很多时候都会发展成为相当大的根据地，不仅设置司令部，还可以进行人事管理等属于后方的事务处理。由于其常被当成舰员们的生活据点，所以还会有营舍、医院、休闲设施等；甚至有些军港附近还会建有供军人家属居住的住宅、学校、商业设施等，几乎相当于一座小型城市。

海军基地平面图

美军驻日本横须贺海军基地

位于日本本州岛东京湾入口处东岸的横须贺港，北有横滨市相连，南和横须贺市东岸接壤，港内的停泊设施、修船能力、油料和弹药贮存设备及兵员休整设施等方面的条件得天独厚，具备了海军基地所需的各种条件，素有“东洋第一军港”之称

横须贺港的第一区（已被划为军事禁区，禁止一般船舶驶入），是美国在远东最大、功能最全的海军基地，被评价为“是美国海外海军基地中，规模最大、条件最好的基地之一”，占地面积约 230 万平方米，以前是旧日本帝国的海军基地，另外还包括旧海军的横须贺首府、海军工厂、海军陆战团、学校等

专题：历史上著名的舰队指挥官

军舰在战场上的威力毋庸置疑，但是当数艘军舰组成一个舰队而没有一个优秀的指挥官统一指挥，只是一窝蜂的各自为战，战斗力就会大打折扣。本文中，我们将简单介绍国外几位有名的舰队指挥官的事迹。

霍雷肖·纳尔逊（Horatio Nelson，1758 ~1805 年），英国 18 世纪末至 19 世纪初的著名海军将领及军事家，在 1798 年尼罗河战役及 1801 年哥本哈根战役等重大战役中率领英国皇家海军胜出。在 1805 年的特拉法加战役中击溃法国和西班牙组成的联合舰队，但自己在战事进行期间中弹阵亡。

威廉·弗雷德里克·哈尔西（William Frederick Halsey，1882~1959 年），外号“蛮牛（Bull）”，美国海军上将，二战期间担任美军第三舰队司令，他骁勇善战，曾多次打败日本海军，在太平洋战争中立下了不少战功。参与了空袭东京、瓜达卡纳尔岛等战役，并指挥了布干维尔岛战役、所罗门群岛战役等多次战役。其主动攻击、积极防御的作战方式令世人眼前一亮。

卡尔·邓尼茨（Karl Dönitz，1891~1980 年），纳粹德国海军元帅，参加过两次世界大战。第一次世界大战中就担任潜艇舰长，而后在两场大战的战间期中建设与训练海军潜艇部队，更以自己的经验加以改良，搭配战略规划、通讯与协调攻击衍生出潜艇战术——“狼群战术”，在大西洋海战中指挥潜艇舰队，为德国海军立下赫赫战功。希特勒自杀后，根据希特勒遗嘱担任国家元首兼武装部队最高统帅，任职期间指挥德军向同盟国投降。纽伦堡审判判处其十年有期徒刑，于 1956 年释放。

第二章

战　　舰

No.025 水面战斗舰艇如何分类

军舰的首席代表——拥有武装的水面战斗舰艇在海军中执行着各种各样的任务。

远洋航行舰与近岸活动舰

水面战斗舰艇是指漂浮在水面、装有专用武器、担负直接作战任务的军舰，主要有航空母舰、战列舰、巡洋舰、驱逐舰、护卫舰等。

在 19 世纪之后，常将其分为远洋航行舰与近岸活动舰两类。

辽阔的大洋波涛汹涌，只有具备强大推进力，囤积足够燃料、水、食物和训练有素的足额乘员的大型舰艇才能安全航行，因此远洋航行舰必然会是大型舰艇，而小型与低速舰艇只能在近岸活动。

一战前，各国都致力于建造史上最大的军舰，而拉开这一序幕的是英国于 1905 年开始建造的无畏级战列舰。此后，水面战斗舰艇变得越来越大型化，而就像是在暗示大舰巨炮时代的降临一样，于同年爆发了一场大规模的舰队战斗——对马海战。

当时，稳坐海军主角宝座的是战列舰、火力高且速度快的巡洋舰以及更小一点的通用战斗舰艇驱逐舰。

在第一次世界大战中，由于德国 U 艇对海上运输产生威胁，为保卫商船，出现了并大量制造了巡防舰与巡逻舰这类近似于驱逐舰的舰艇。到目前为止所涉及的都是属于可以远洋航行的水面战斗舰艇。

在战后，由于不会再发生大型海战，远洋舰艇大多为了保护海上交通线（广义上的商船护航）、反恐、打击海盗等低强度作战而存在。

另一方面，小型高速的近岸活动舰有时反而更好用，对于中小型国家而言，拥有大规模的海军既无用又难以维持，因此只配备巡逻舰艇来保护自己的国家及进行近岸警备，要是攻击时，则采用鱼雷艇或导弹艇。

水面战斗舰艇分类

可以在远洋活动的舰艇

战列舰

拥有强大攻击力与良好的防御力

战列巡洋舰

巡洋舰

装甲比战列舰弱，但是攻击力和速度都更胜一筹

驱逐舰

速度很快，以警戒巡逻为主要任务，拥有很强的续航能力

护卫舰

较小的通用舰艇

要任务用来保护低速的商船。

在近岸活动的舰艇

鱼雷艇

导弹艇

小型高速舰艇，主要使用导弹进行攻击

大型炮舰

在低速的舰艇上搭载炮塔的舰艇

炮舰

在低速的舰艇上搭载炮塔的舰艇

护卫舰

担任近海警戒巡逻任务的小型舰艇

水面战斗舰艇大小与速度关系图

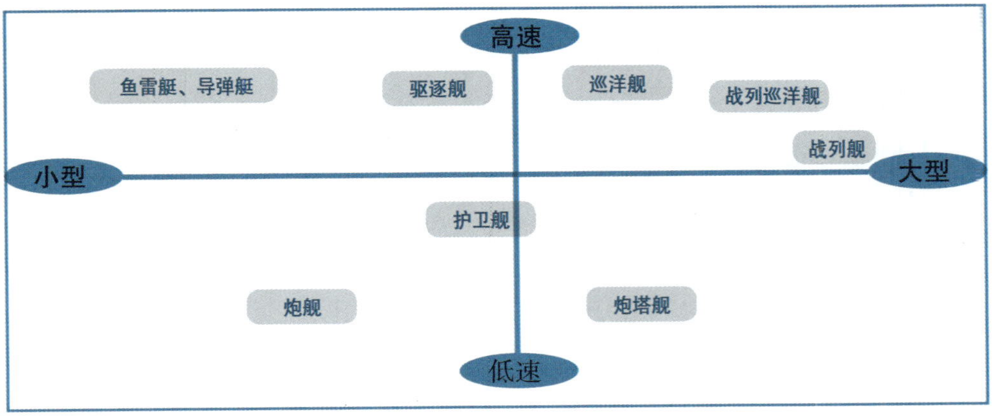

No.026 水面战斗舰艇的大致结构

为应对各种复杂情况，水面战斗舰艇需要在有限的空间内满载武装，且尽可能加强其结构的强度。

1
2
3
4
5

在弱点处集中防御加以保护

在观察军舰透视图时，最显眼的部位当数军舰的动力舱、轮机部及弹药库。若是第二次世界大战以前的军舰，作为战斗舰艇对最显著特征的炮塔会占据较大的空间，而维持火炮机能的炮室会一直通往船体深处。接着，甲板上其他空间几乎都会被舰桥与烟囱占据，这是最典型的水面战斗舰艇外形。

至于动力方面，若采用蒸汽涡轮，就会有“锅炉舱”占去中心部位较大空间，日本的超级战列舰“大和号”的锅炉甚至有 12 座之多。在其后马上会连接设置有轮机的轮机舱。为了防止万一遭到破坏、降低影响，常将其分割成许多小舱区。从轮机舱开始会延伸出一根长长的传送轴到舰尾，螺旋桨的位置是在往后突出的船体下方。最后面则装有并排的舵，也有些舰艇会以前后 2 枚的方式配置。

主炮是以 1~4 门的方式收于炮塔之中，为获得更宽广的射界，还会在前后甲板上以背负的方式配置，炮塔下方的箱状构造是炮室，里面会有弹药的装填装置。

从前部炮塔一直到后部炮塔的船体中央位置会被称为“集中防御区”，重要的装备都会设置在这些区域，并施以比其他区域更厚重的防护。

会配置在集中防御区的有轮机舱、锅炉舱、弹药库、舰桥等，这些都属于舰艇的弱点或重要部分。

舰桥里面备有操纵舰艇的机能、测距离、射击指挥所、防空指挥所、雷达等，将统合航海与战斗的部署全部集中在一起，若是大型舰的话，在舰桥下层还会设置战斗指挥室。

副炮与防空炮大多都以舰桥与烟囱作为中心并列在左右两侧，这些炮塔对于船体的补强也能起到一定作用。

水面战斗舰艇的构造

重要部位都集中在防御区内，并用装甲包覆。装甲较薄的部分会切割成许多小舱，防止损害扩大

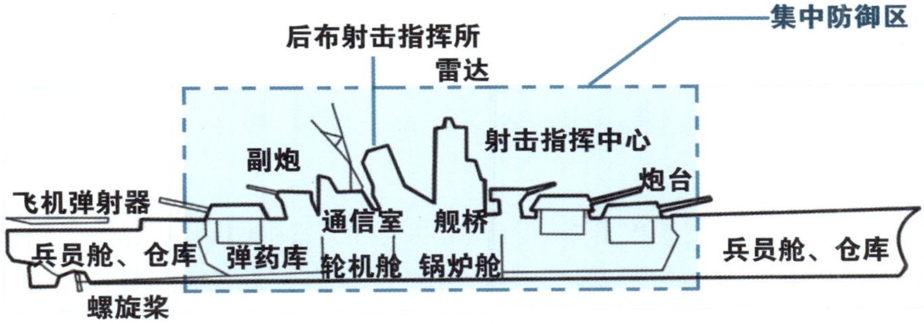

炮塔

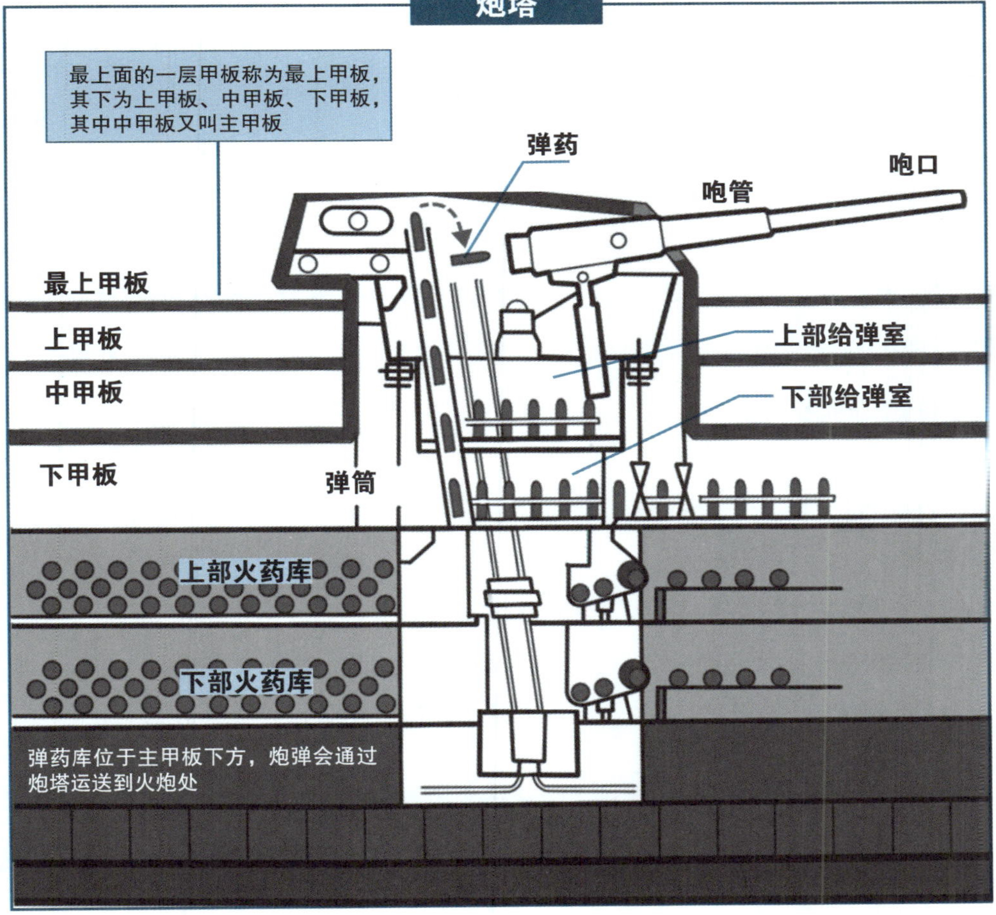

No.027 什么是战列舰

战列舰是属于最大等级、拥有最强火力与防御力的军舰，在第二次世界大战后才被淘汰。

1
2
3
4
5

军舰中的王者

战列舰是以火炮为主要武装，不论攻击力还是防御力都远超其他舰种的水面舰艇。

战列舰在性能上重视攻击力、防御力和速度，其中明确定义的是防御力。战列舰所拥有的防御能力，必须能够“承受自舰所装备的主炮的直接攻击”才算合格。在设计时常按这一要求为基准，若是进行整体防御可能会使船体过重，因此常只对弱点部位、要害舱区设置防御用装甲。战列舰上的装甲重量，大多会在排水量的30%左右。

由于战列舰的防御能力是以能承受自舰炮击为基准设计的，那么要想打败敌舰就要配备火力比敌军强的主炮才行。一旦装备这样的主炮，此战列舰的防御能力又会因此设定为更高的等级。

只要把主炮加大，射程与火力就会显著提升，不过船体会因此变大，而工业能力与建造用船坞等条件的问题便会浮现出来。日本战列舰“大和”号是搭载460毫米火炮的巨舰，这在当时几乎达到造舰技术的极限。

除了攻击力与防御力，速度也很重要，速度一旦加快，就能在炮击中占据优势，想撤退也十分容易。实际上，速度常会被牺牲掉，而优先考虑其他两要素。

由于第二次世界大战中已经可以得知战列舰的性能比很差，所以在战后陆续被淘汰掉。只有美国4艘爱荷华级舰艇仍出现在韩国、越南、中东等地区执行任务（对敌军阵地射击），但现在已完全退役。

战列舰的发展史

铁甲炮塔的诞生

1873 年英国建造的“蹂躏”号（Devastation，标准排水量 9330 吨）装有 305 毫米双联炮塔两座

战舰的诞生

1893 年英国建造的“君权”号（Sovereign，标准排水量 14150 吨）装有 340 毫米双联塔两座，被认为是战列舰的鼻祖

战列舰的发展

1906 年英国建造的“无畏”号（Dreadnought，标准排水量 18110 吨）装有 305 毫米双联炮塔 5 座，是跨时代的战列舰

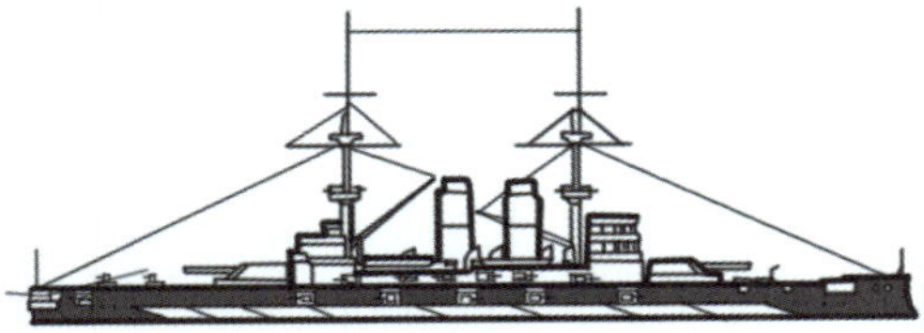

无畏级战列舰的诞生

英国为日本建造的“三笠”号战列舰，火力和防护力量史无前例地组合，标准排水量达到了 15140 吨，被划分为前无畏舰

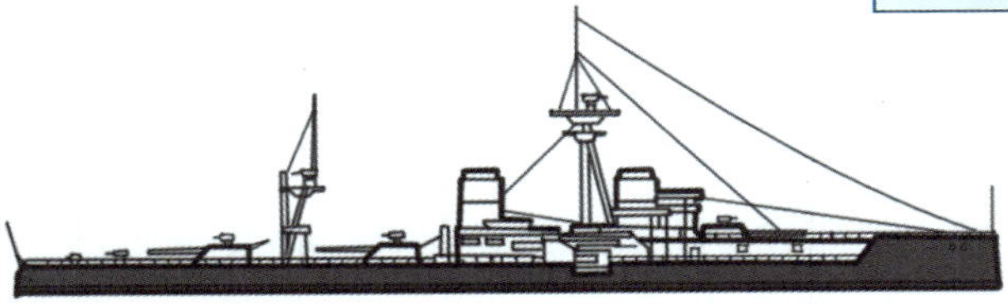

迈向超无畏级战列舰

1941 年日本建造的“大和”号（标准排水量 65000 吨）是史上最大的战列舰，装有 460 毫米三联炮塔 3 座

No.028 什么是巡洋舰

巡洋舰从帆船时代就已出现，由于其具有极强的远洋航行能力，在任何任务上都很得心应手。

1
2
3
4
5

巡弋于大海的巡洋舰

巡洋舰的祖先是帆船时代被称为护卫舰的舰种，是“拥有高度的航行能力、大小适中”的军舰。

到19世纪登场的铁甲舰，在发展上分为装备重型武装、重装甲的战列舰，以及重视速度、续航能力的巡洋舰两类。由于巡洋舰要求能在大洋上进行长期的警戒航行，所以在武装与装甲上的要求并不多。因为要将除了与军舰对战以外的任务都交给巡洋舰，所以除战斗外，其会被用于警戒、侦查等任务。

19世纪末，巡洋舰发展成为防护巡洋舰和以战斗为目的的装甲巡洋舰两种。在第一次世界大战时登场的战列巡洋舰则是号称装甲巡洋舰杀手，拥有可与战列舰相媲美的火力，堪称能超越过去任何巡洋舰，这是一种异种舰级。

到第二次世界大战前夕，依据以《华盛顿海军条约》为首的海军条约，世界军舰格局大为变化。不仅战列舰被加以限制，巡洋舰的区别也有了明显的划分，主炮口径较大的巡洋舰被称为“重型巡洋舰”，并被视为相当于战列舰水准的战斗舰艇。除重型巡洋舰外的巡洋舰则属于“轻型巡洋舰”，常被用于进行炮击以外的任务，例如，作为水雷部队（驱逐舰队）的旗帜，或执行侦查、通商航路的警戒等任务。

第二次世界大战时较为出名的巡洋舰有德国的德意志级（Deutschland），这型舰艇也被称为“袖珍战列舰”，靠柴油机获得强大的航行能力，专门用于攻击盟军商船。美国的亚特兰大级（Atlanta）则搭载了多座在防空战斗中相当实用的5寸两用炮与大量机枪，被称为“防空巡洋舰”，担任航母机动部队的护卫任务。

巡洋舰的演变和发展

巡防舰（帆船）
快速且轻武装的帆船，主要单人鸳鸯任务

防护巡洋舰

防护巡舰（轻舰）

《华盛顿海军条约》

重型巡洋舰

轻型巡洋舰

装甲巡洋舰

战列巡洋舰

19 世纪末

第一次世界大战时期

第二次世界大战时期

日本的高雄级重型巡洋舰，装备有 200 毫米双联装炮塔 5 座，标准排水量 9850 吨

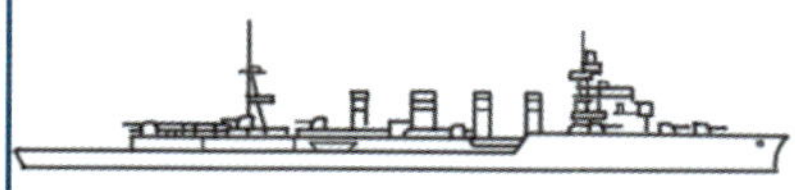

日本的川内级轻巡洋舰，装有 14 厘米单连炮塔 7 座，是要用来当作驱逐舰队的旗舰。标准排水量为 5195 吨

美国的亚特兰大级轻型巡洋舰，装有 127 毫米双联装炮塔 8 座，被称为“防空巡洋舰”，标准排水量 6718 吨。

巡洋舰（现代）

21 世纪

No.029 什么是战列巡洋舰

战列巡洋舰是兼具战列舰与巡洋舰特性的军舰，特征是高速、火力强、装甲轻，这样的设计理念在后来被高速战列舰承袭。

穿梭于战场的冷门舰艇

战列巡洋舰是兼具战列舰的攻击力与巡洋舰的高速性能的舰艇，在第一次世界大战时尤为活跃，英、德、日三国都曾建造并使用该舰种。

以 1908 年英国建造的“无敌”号（Invincible）为先驱，之后还有出现性能大为提升的战列巡洋舰，像英国的“狮子”号（Lion）（1912 年）、日本的“金刚”号（1913 年）等都被称为“超无畏级战列巡洋舰”（已经超越划时代的无畏级战列舰）。

战列巡洋舰可以灵活运用其速度，对巡逻、追击等任务得心应手，在 1914 年福克兰海战中，英国战列巡洋舰曾捕捉到德国舰队，并加以击溃。德国舰队以巡洋舰构成，在速度和火力上都不及“无敌”号，最后被击败。

战列巡洋舰虽然具有较大优势，但其装甲较薄也成为与敌方主力舰对战时的最大弱点，1916 年的日德兰海战中，英国的战列巡洋舰被击沉了 3 艘。第二次世界大战中英国“胡德”号（Hood）被德军“俾斯麦”号（Bismarck）击沉也是由于其防御力过低的原因。

在第一次世界大战后世界各国吸取教训，开始对战列巡洋舰的防御能力加以强化，像日本“金刚”号因屡次改装而使速度大为降低，最后完全变成战列舰的例子并不少。另外，像新建的德国沙恩霍斯特级、法国黎塞留级、意大利维托里奥·维内托级、美国爱荷华级等，都是能够发挥 30 节以上的速度的高速战列舰。

战列巡洋舰

战列巡洋舰速度比战列舰快，活动范围也更广，不过防御力较弱，一旦被对方的强大火炮攻击，就会陷入不利

	攻击力	速度	防御力
战列巡洋舰 	◎	◎	×
战列舰 	◎	×	◎

具有代表性的战列巡洋舰

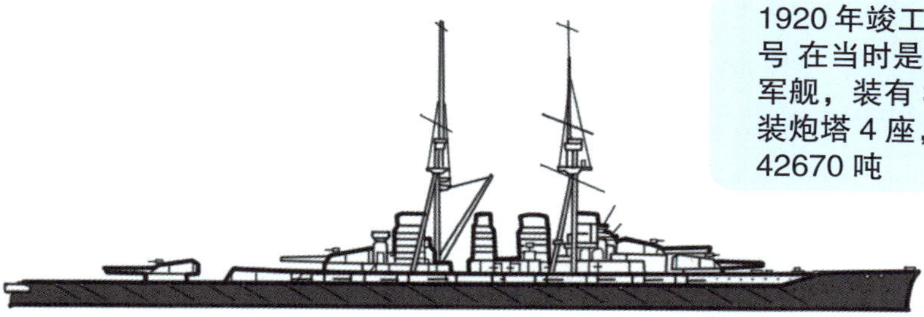

1920 年竣工的英国“胡德”号 在当时是世界上最大的军舰，装有 380 毫米双联装炮塔 4 座，标准排水量 42670 吨

具有代表性的高速战列舰

1943 年建成的美国“爱荷华”号，速度高达 32.5 节，装有 400 毫米三联装炮塔 3 座，标准排水量 48110 吨

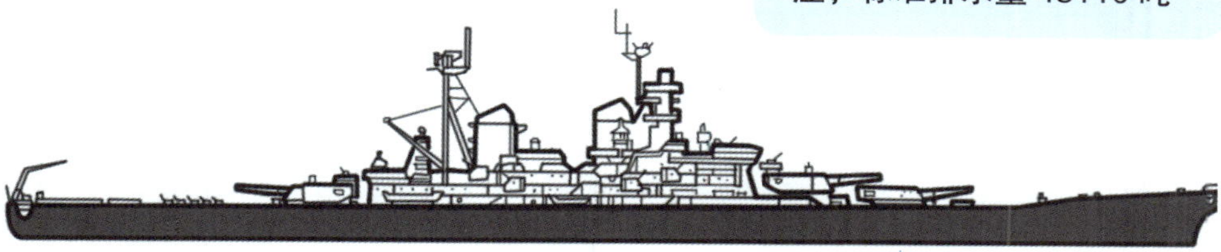

No.030 什么是驱逐舰

驱逐舰原本是为了保护主力舰不被鱼雷艇攻击而制造出的舰种，但最后演变成了可以执行各种任务的通用舰艇。

1
2
3
4
5

从多用途舰变成主力舰

19 世纪末鱼雷出现后，就诞生了搭载鱼雷的鱼雷艇。由于鱼雷艇速度很快并且能对主力舰造成威胁，各国相继配备了一定的数量，并开发了专门针对它的舰艇——鱼雷艇驱逐舰。驱逐舰的武装有驱逐鱼雷艇用的小口径火炮与攻击主力舰用的鱼雷，也算是一种具有数百吨排水量的大型鱼雷艇。

之后，驱逐舰就变成了跟随舰队行动的高速小型舰艇，负责处理各种杂务。第二次世界大战时排水量增加至 1500~2000 吨左右，还担任其它军舰或商船的护卫、反潜、防空任务。当作战的主力转变成飞机与潜艇后，驱逐舰就将鱼雷发射管减少，强化反潜、防空战斗功能。

战后，排水量 3000 吨以上的驱逐舰逐渐增多，现在更发展成搭载防空、反潜、对水面武器的多用途舰艇。驱逐舰的用途因国家的不同有所差异，装设燃气涡轮主机后可使机动性更为提升，一般来讲也会搭载各种导弹与在反潜任务上十分有用的直升机。

接着，还出现了像美国的阿利·伯克级（Arlleigh Burke）与日本海上自卫队金刚型那样搭载了先进的宙斯盾系统，被赋予舰队防空任务的超级驱逐舰。就现代而言，世界各国海军都有所小规模的趋势，所以驱逐舰将逐渐成为现代海军的核心，成为最为普遍的军舰。

无限制潜艇战与驱逐舰的发展

1917 年德国发动无限制潜艇战，面对潜艇对交通线的绞杀，协约国几乎所有的驱逐舰都安装深水炸弹以执行反潜任务，当时的潜艇技术性能远不如今天的潜艇，速度很慢不超过 20 节，潜深也小，而驱逐舰小巧灵活，普遍具有 30 节以上的速度，潜艇想对驱逐舰发动突袭，几乎不可能，因此成为商船队不可缺少的护航力量。

驱逐舰的发展史

鱼雷艇的诞生

19 世纪末，出现了搭载搭载有鱼雷，排水量 50~200 吨左右的鱼雷艇，能够对大型主力舰产生威胁

驱逐舰的诞生(以反水雷艇任务为主)

英国于 1894 年建成的“哈沃克”号（Havock）是最早被乘坐驱逐舰的战舰，实际上其不过是一种大型的远洋水雷艇，排水量 275 吨

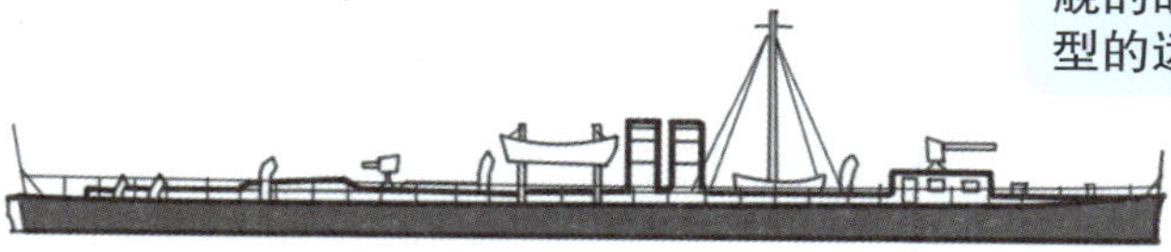

驱逐舰的发展（ 防空、反潜任务为主 ）

第二次世界大战中的美国弗莱切级（Fletcher）驱逐舰，其防空武器与雷达非常引人瞩目，标准排水量 2325 吨

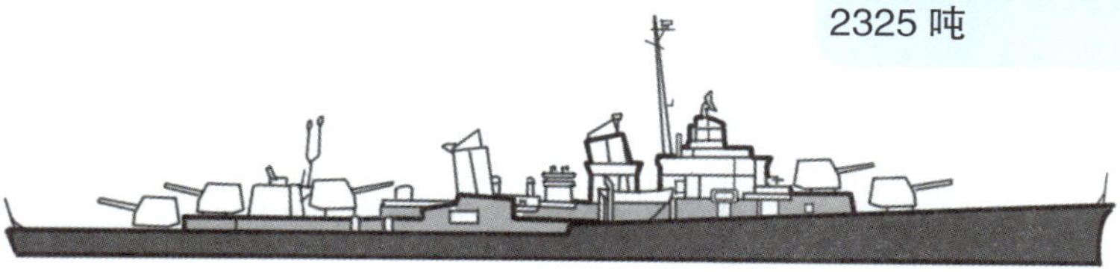

现代驱逐舰（ 水面舰艇的主力 ）

美国的阿利・伯克级驱逐舰搭载了宙斯盾系统，拥有极高的防空能力，标准排水量 6914 吨

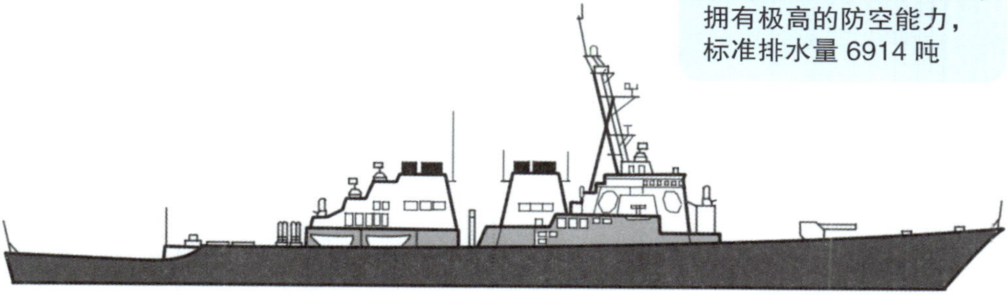

No.031 什么是宙斯盾舰

一般而言，只要搭载了先进的宙斯盾（Aegis）舰队防空系统或是与其相似系统的舰艇，不论舰种如何，都被称为“宙斯盾舰”。

可对付大量远程目标的系统

冷战时期的苏联为对付美国海军，曾大量配备反舰导弹，想以量取胜。

美国为应对这种情况，同时击退大量导弹，在 20 世纪 70 年代中期开始全面更新现有的防空系统，其成果就是于 1983 年开始服役的提康德罗加级巡洋舰所采用的宙斯盾武器系统。虽然其主要被用于防御战斗，但由于该系统可以针对大多数目标发射导弹，所以不仅能对付飞机与导弹，还能对敌机展开攻击。

此系统得名于希腊神话中女神雅典娜的盾牌，其最大特征有：能同时拦截多个目标、可以整合指挥多种武器系统、能够自由与其他舰进行资料共享、对于威胁的侦测、分类、交战可以不经过人员操作，直接高速处理。

以往的防空导弹可以攻击的目标数量会因为制导装置的数量而受到限制，宙斯盾系统则不然。它是以强大的相位阵列雷达进行警戒，并可以先让导弹以惯性制导的方式大量发射，等到它们接近目标时再依序进行精密制导。另外，电脑会自动选择威胁性较高的目标进行射击，并判断目标是否已经瘫痪，以决定是否要再度进行攻击或是选择其他目标。对于瞬息万变的防空战斗而言，这样的机能非常重要。

至于其他方面，还有一种不只可以对付一般飞机，还能拦截弹道导弹的“标准”3 型（SM-3）导弹正在研发中，并已经开始配属在部分的宙斯盾舰上。

虽然宙斯盾系统是由美国研发并输出的，但其他国家也有研制相似系统，譬如德国与荷兰共同研制的 AAWS 系统、俄罗斯要塞系统，都是能拦截多数目标的防空系统。

宙斯盾舰

系统模式图

1. 以强大的相位阵列雷达来对四周进行警戒

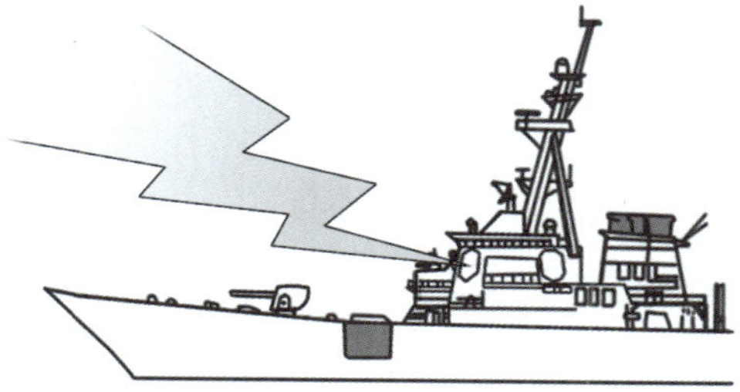

2. 陆续对发现的反舰导弹、飞机发射防空导弹（有些导弹能够不通过制导装置就直接发射）

3. 通过制导装置将导弹引至目标

各国宙斯盾舰及相当的舰艇

国籍	级别	满载排水量	系统	雷达	防空飞弹
美国	提康德罗家	10010 吨	宙斯盾	SPY1	标准
美国	阿利・伯克	9400 吨	宙斯盾	SPY1	标准
日本	金刚	9485 吨	宙斯盾	SPY1	标准
西班牙	艾尔瓦洛・迪・巴赞	6250 吨	宙斯盾	SPY1	标准
挪威	佛里乔夫・南森	5121 吨	宙斯盾	SPY1	标准
韩国	世宗大王	10290 吨	宙斯盾	SPY1	标准
德国	隆克森	5600 吨	AAWS	APAR	标准
荷兰	七省	6050 吨	AAWS	APAR	标准
俄罗斯	基洛夫	26500 吨	要塞	MR800	VLS

No.032 世界上主力战舰对比

哪艘战列舰是最强的？这个问题没有明确的答案。不过要对比各国主力战列舰还是可行的。

1
2
3
4
5

逐渐升级的建造竞赛

1936 年底，日本宣布不再遵循限制新舰艇建造的《华盛顿海军条约》，该条约至此失效。之后，日、美、英各国便展开了无限制的新型军舰建造。

此时，欧洲也开始进行新型军舰的建造竞赛，德国基于《凡尔赛条约》，让德意志级重型巡洋舰（11700 吨）于 1933 年开始服役，本级舰在实际上已经超过和约的限制，拥有 6 门 280 毫米炮，速度达到 28 节，被称为“袖珍战列舰”。

法国为与之抗衡，便建造了拥有 8 门 240 毫米炮、速度达 29.5 节的“敦刻尔克”号（Dunkerque，26500 吨），意大利着手进行“维托里奥·维内托”号(Vittorio Veneto，41177 吨)的建造，后来法国又建造了“黎塞留”号(Richelieu，35000 吨），德国则因此开始进行更大型“俾斯麦”号（41700 吨）的建造。

直到第二次世界大战前期为止，各国都倾尽国力建造最强的战列舰群。英王乔治五世级（King George Ⅴ，36772 吨）虽然其 10 门 356 毫米炮在攻击时差强人意，但整体平衡却很优秀，支撑着遍布世界各大洋的英国海军。

日本曾建造出史上最大的战列舰大和级（65000 吨），由于日本海军在战舰的数量上居于劣势，所以选择以 460 毫米炮为主炮，寄希望从远距离攻击敌舰，大和级彻底采用集中防御的设计，其要害舱区的装甲厚度是其他战列舰难以企及的。

美军建造的爱荷华级（48500 吨），拥有引以为傲的 33 节高航速，活跃于航空母舰机动部队的护卫任务，其 400 毫米炮威力不输于大和级的主炮，在战后，爱荷华级还在 1991 年海湾战争中进行过舰炮射击（对陆地炮击）。

世界各国主力战列舰对比

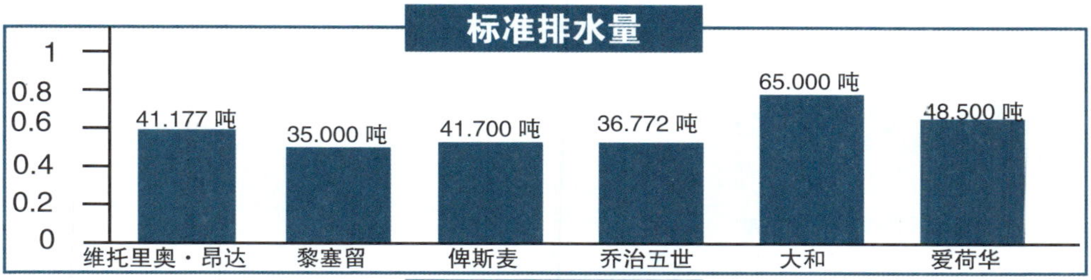

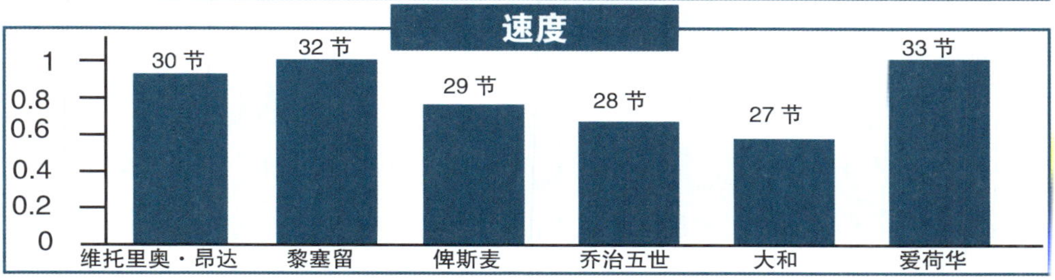

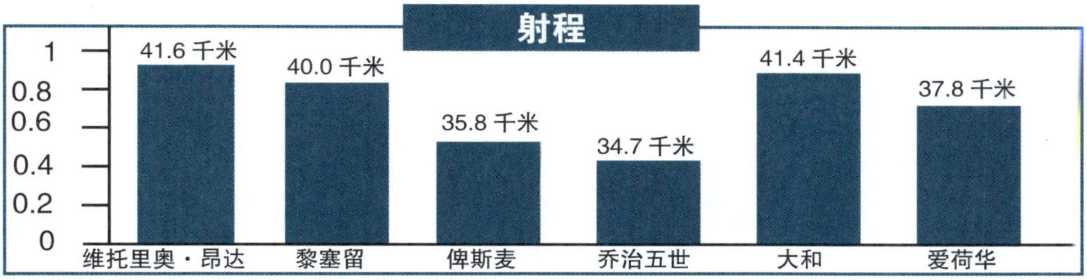

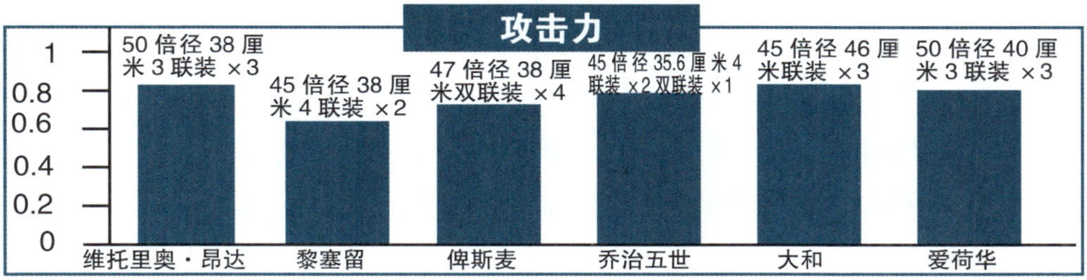

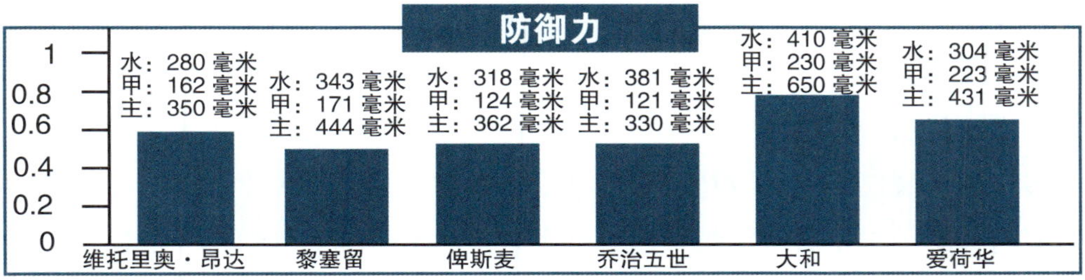

水 = 水线、甲 = 甲板、主 = 主炮管

No.033 海上如何搜索敌人

要在海上发现敌人踪迹，在过去主要依靠视力观察，而现在依靠雷达，我们可以更好的获取信息。

具有突破性的雷达

在过去，不论是从岸上进行监视，还是对可能发现敌踪的海域派遣侦察用舰艇，在海上搜索敌人需要依靠眼睛。在对马海战中，日本为发现俄罗斯舰队，共派出73艘舰艇进行侦查警戒，且成功掌握敌人的踪迹。

在第二次世界大战中，搜索敌人开始由飞机或潜艇进行，这两种可以单枪匹马冲出前线的武器，使搜索敌人的范围大为提升，不过即使是这样，依靠肉眼搜索敌人的模式从本质上看仍未改变，当遇到恶劣天气情况或是夜间就会十分不便。

雷达的出现，使侦察行为产生巨变，人们不再依靠目视，而依靠电波反射捕捉敌踪。这种侦察方式在登场之初可靠性较低，但最后仍发展成为搜索敌情的主要方式，雷达发展至今，最新型的雷达要数相控阵雷达（Phased Array Radar）。

为对抗雷达索敌行为，一种被称为“逆探”的电波侦测器被研发出来，这种仪器本身并不会发出电波，而是用来探知敌方电波的被动式侦察装置。

潜艇在进行搜索，或是要探测出潜艇时，会使用一种被称为声呐的音波探测器，这是由于电波在水中无法传递，雷达无法使用。

由于潜艇自身发出声波容易被发现，所以使用被动式（收信）声呐，而反潜方则要积极搜寻潜艇，会使用主动式（发信）声呐，或是采用红外线、磁场等探测方式。

至于资料链，则是当今海军会用到的最新技术，这是经由通信卫星将资讯传达给各舰艇与设施以达到情报共享。如此一来，借由索敌范围广的宙斯盾舰与侦察卫星所获取的情报，可以及时传达给全部的舰艇。一旦使用这个系统，就连对付敌军战略导弹，都能依靠导弹防御（MD）架构来进行拦截。

如何在海上搜索敌人

依靠雷达进行搜索

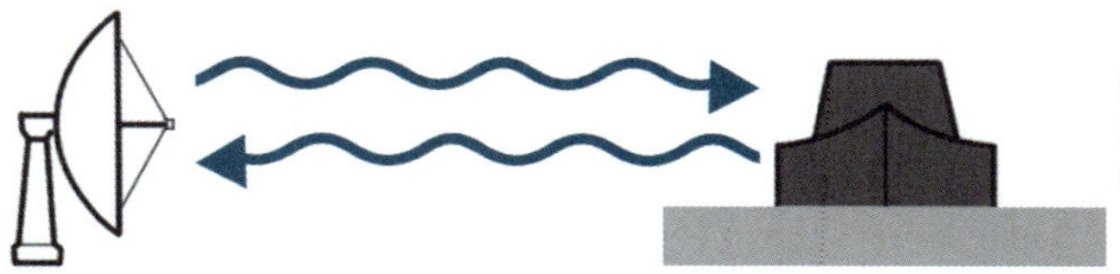

发射出电波，然后根据从敌舰反射回来的回波来发现目标若是使用电波侦测器

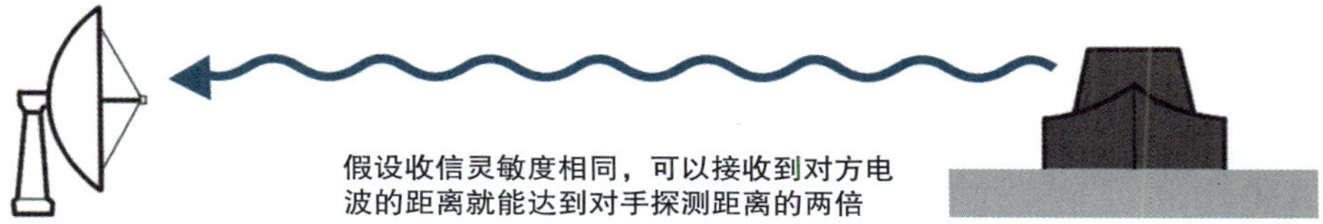

假设收信灵敏度相同，可以接收到对方电波的距离就能达到对手探测距离的两倍

何谓相控阵雷达

把大量的天线单元并排在一起，然后靠着改变各个单元相位的方式来改变搜索方向。由于采用电子式扫面，所以能够对四周进行快速扫描

普通的雷达

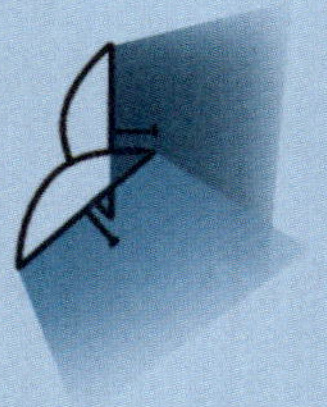

以机械方式来回左右摆动来进行更大范围扫描，因此搜索的时间会更长

资料链

由某艘船搜集到讯息以后可以跟其他舰艇共享

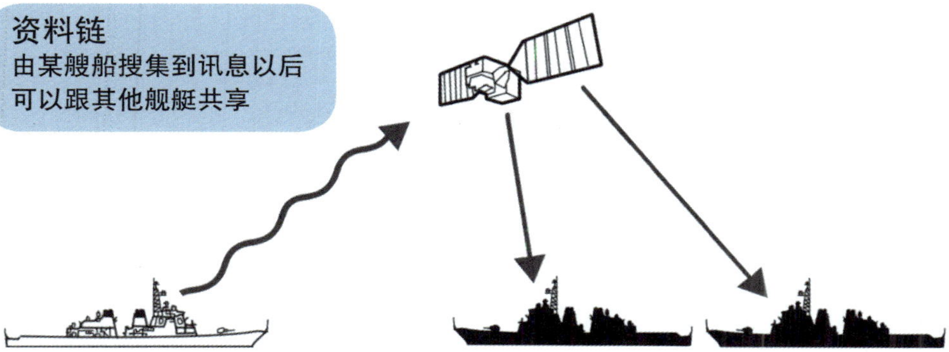

No.034 在海上能看到多远

要攻击敌舰，至少要能看得见敌方才行，由于站得越高看得越远，因而舰桥越盖越高。

1
2
3
4
5

日渐大型化的舰桥

在战列舰时代，战列舰的主炮为了能从更远的距离打击敌舰变得越来越强大，拥有比敌人还要远的射程不仅可以单方面进行攻击，在相互轰击时主炮火力越强的一方越有胜算。

船体越大，就能装设越强大的火炮，为了更远的射程，还必须装配大型的观测设备。若要观测到更远的地方，还要有很高的舰桥才行。大舰巨炮时代就是这样的。

1904 年日俄战争时，战列舰主炮口径 280~300 毫米，会在 5~8 千米的距离展开炮击。当时的舰艇舰桥尚属小型，瞄准器与观测仪也都装设在比较低的位置。

后来，主炮的口径超越 300 毫米，射程也超过了 10 千米，当时，经过强化的大型桅杆会装设在舰桥后方，并于桅杆上方设置射击指挥所。

在第一次世界大战的日德兰海战（1916 年）中，搭载 300~375 毫米炮的超无畏级战列舰在 14~23 千米的距离进行炮击，更有甚者，其在战后所建造的日本“长门”等舰不仅装设 400 毫米炮，为了对应远距离炮击，舰桥也被大型化，并采用了将舰桥、射击指挥所、测距仪一体化的设计。在当时，主炮射程已经达到 35~40 千米，而要从舰桥来观测如此远距离的着弹相当困难。比如日本“大和”号的第一舰桥从海平面上算是已经高达 34 米，但也仅能看见 20.8 千米外的海面而已，若对手也具有相同高度的话，则可以在 41.6 千米外就能观测到。

至于观测水平线外的方法，在第一次世界大战时是靠气球，之后采用了水上飞机，但从实际而言，从空中观测弹着点并依此修正瞄准可操作性太差，在实战中几乎没被使用过。

在海上的观测距离

火炮射程一旦延长，舰桥也会大型化

某舰改装前后变化

上图是该舰新造的样子，虽然桅杆很高，但舰桥相对较低，改装后舰桥的高度则升高了足足一倍，因此能够在更远距离观察到敌人

新造时

改装后

晴天时的可目视距离（千米）

即使是晴天也可能因为气温、海水温度等因素使大气产生变化，影响目测距离

		目测距离					
		大型舰	巡洋舰	驱逐舰	小型舰	鱼雷艇	潜望镜
对象	大型舰	34	30	28	27	25	18
	巡洋舰	30	27	25	23	21	16
	驱逐舰	28	25	23	21	19	14
	小型舰	27	23	21	19	16	10
	鱼雷艇	25	21	19	16	14	5
	潜望镜	2	2	2	2	2	1

No.035 海战如何瞄准

在高速航行的情况下进行相互轰击，是很难命中目标的，在超过 10 千米的距离，命中率可能仅有可怜的 1% 左右。

精密瞄准仪器与射击用计算机

19 世纪早期的炮击主要靠目测瞄准，一边观测着弹点的位置，一边调整火炮射向与角度，若着弹点超越目标的话，在观测上会很困难，所以第一轮要先打出近弹，之后的射击再慢慢向敌人靠近。

后来，军舰开始使用弹着观测镜、测距仪、射击用计算机等设备，使炮击命中率有所提升。

测距仪的尺寸越大就越准确，在军舰上会选择宽度在数米的测距仪，如战列舰大和级则搭载宽达 15 米的巨型测距仪。

在射击用计算机还没有出现前，必须要依据从射击指挥所得到的资料，人工计算出射击所必需的参数，再传达给炮手。后来为了建构出具体的整合手段，在第一次世界大战中研发出了可以将资料以电气方式输入，且计算出方位与仰角，之后直接送至炮手处的方位盘瞄准装置。这种搭载于后续军舰上的装备，是现代电脑的祖先。

如此一来，就有办法进行统一的射击，因此衍生出夹叉式、阶段式射击方法。首先要以一部分的主炮进行试射，观测弹着点后，再换用其他主炮射击。靠这样的交互试射，运气好的话炮弹能命中目标，或是让目标被包入数次的弹着点范围内（形成夹叉状态）。若能确认形成夹叉，就代表敌舰已经进自舰的炮击范围，因而可以期待命中敌舰，此时可以下达全炮塔一起射击的命令。

从第二次世界大战后期开始，雷达得到广泛运用，要确定敌舰位置与距离变得更为准确与容易。在 1944 年苏里高海峡海战中，由于美军舰队使用了解析度较佳的雷达，在对日本舰队的首次射击就命中目标。

在海上如何进行瞄准

方位盘瞄准装置

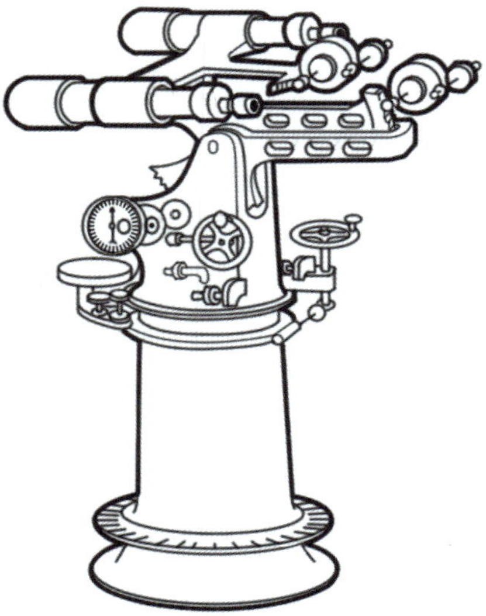

把与目标之间的距离、目标与自检的速度输入进去，就能计算出主炮的方向以及仰角数据，并传送至各炮塔

视差式测距仪

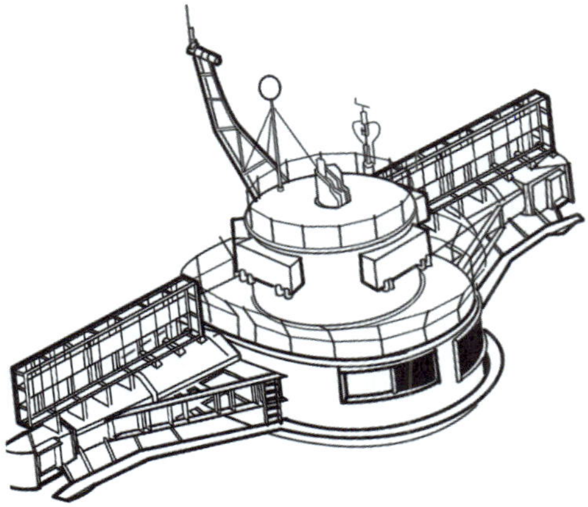

利用左右镜头观测到的影像差距来计算目标的距离，左右镜头是距离越远，精确度就越高

交叉（阶段）式射击法

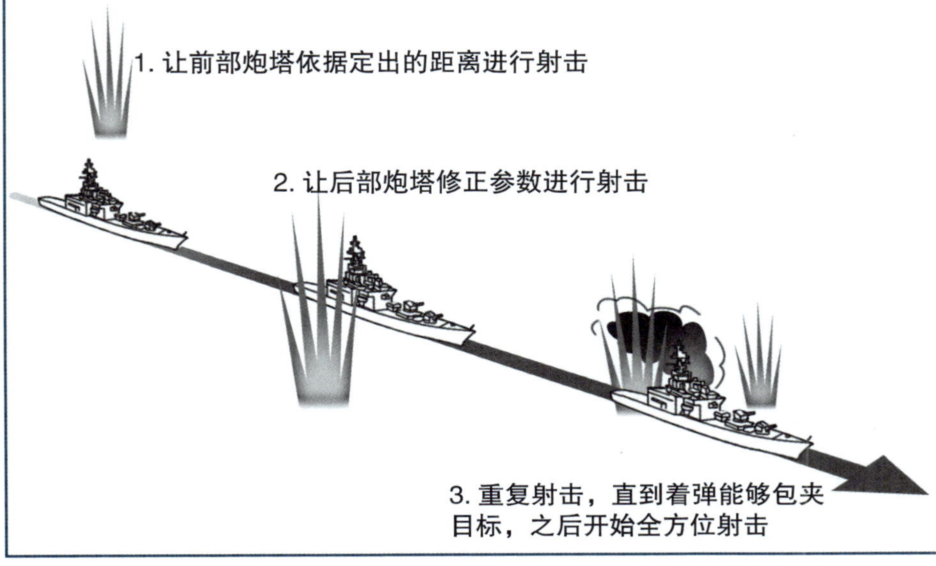

No.036 战舰使用哪种炮弹

炮弹的构造随着时代不断变化，到第二次世界大战为止，为对付敌舰的装甲，大多会使用穿甲榴弹及爆破榴弹。

各式各样的炮弹

炮弹在最初出现时只是一种可以打出去的铁块，到 19 世纪早期则出现了数种特殊的炮弹，包括人员杀伤用的霰弹、破坏帆船的锁链弹及榴弹等，随着被铁板包裹着的铁甲舰的出现，还出现了新型炮弹。

最后定型的弹种是在 19 世纪后期登场的穿甲榴弹，为了使其能在贯穿装甲后在内部爆炸，还研制出了能在适当时机引爆的引信。这种弹药主要运用在反舰上，并被称为“穿甲弹”。

另一方面，还有一种为了对付飞机或地面上非装甲目标而研制出的榴弹，这种榴弹弹头外壳较薄，能增加炸药的量，是一种靠着爆炸扩散来对较广范围造成伤害的炮弹，被海军称作“通常弹”。

日本其还研发出其他国家不曾出现过的特殊炮弹。“水下穿甲弹”的研发契机是把当作废舰处理的战列舰“土佐”当做靶标进行演习时发现的。在到达目标之前，入水的炮弹会在水中直线前进，且命中装甲较薄的水下侧面部位，可对敌舰造成较大伤害。后来，又开发出把弹头做成平坦状，让覆帽在着水的同时脱落成八八式穿甲弹与九一式穿甲弹。

另外，日本还有一种飞机用的三式对空弹，这种炮弹可以在敌机编队的前方上空撒出数十到数百根填充有燃烧剂（镁）的管子（防空炮弹），在第二次世界大战中也经常被用作对地攻击当中。

口径是一个专有名词，指的是枪、炮管的内直径，即线膛武器指两条相对阳线间的距离。口径通常以毫米计算，根据口径可以将火炮分为三类，大口径炮（高炮 100 毫米、地炮 152 毫米、舰炮 130 毫米以上）、中口径炮（高炮 61-100 毫米、地炮 76-152 毫米、舰炮 76-130 毫米左右）、小口径炮（高炮 20-60 毫米、地炮 20-75 毫米、舰炮 20-57 毫米之间）。

战舰使用的炮弹

穿甲榴弹

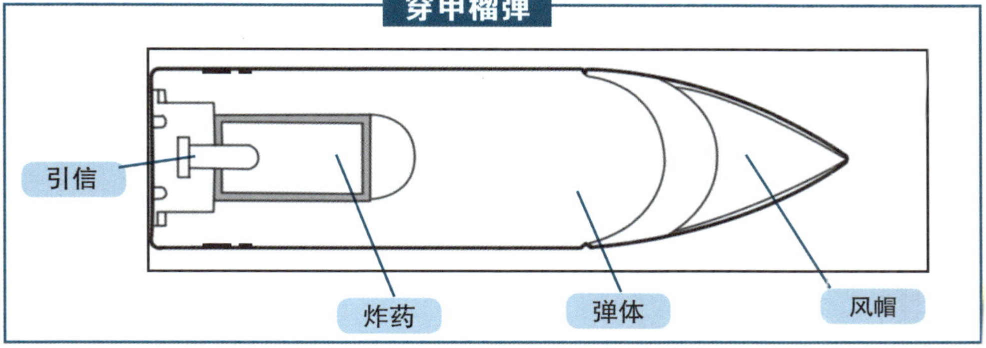

对空对地攻击用炮弹（三式对空弹）

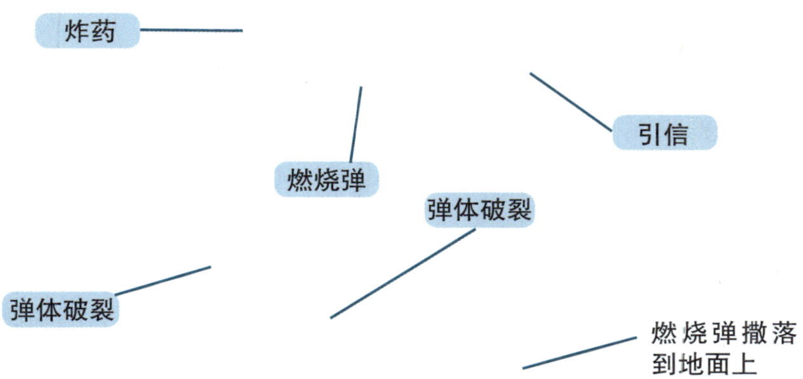

水下穿甲弹

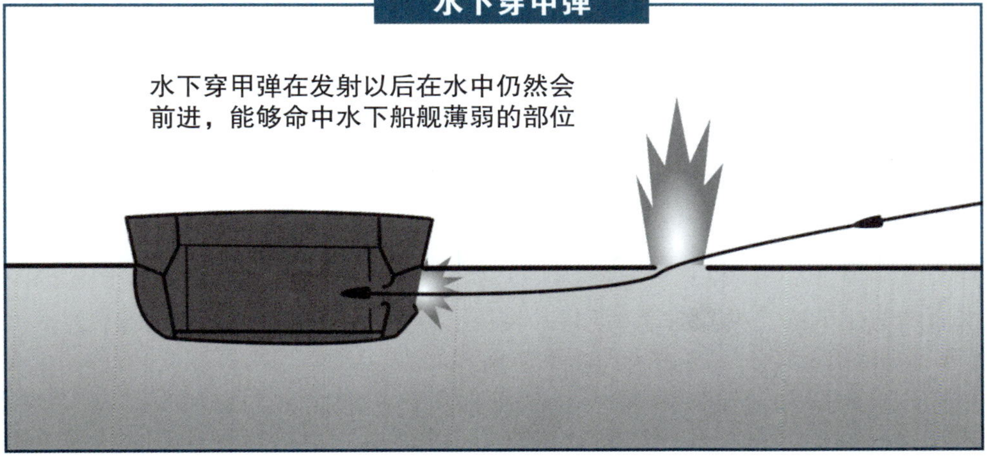

No.037 战舰的主炮是怎样配置的

要将大且重的主炮有效安装在舰艇上，曾经过许多试验，到第二次世界大战时最终定型。

炮的进化与在甲板上的配置

在帆船时代，军舰的火炮全部并列装设在船舷两侧，即使是两侧都装设相同数量的火炮，在实际交战中一般也只会用到一侧的，因此船上操作火炮的人员只要能够操作全部火炮数量的一半就行了。由于帆船军舰上有许多累赘，能减轻一些重量自是好的。等到帆船被淘汰，炮就可以配置在甲板上，还出现了可以旋转的炮塔，各国海军在配置上也投入更多的注意力。

20 世纪早期的军舰，会装设强力但发射速度较慢的主炮、威力较小但发射速度较快的副炮及介于二者之间的中间炮三种火炮。

依据日本海战教训，长距离的炮击战被认为比较有效，所以就需要将中间炮废除，且尽可能增加主炮数量。最早出现的这种舰艇是英国的“无畏”号，其主炮被装在 5 座炮塔中，且配置于上部构造的前线左右位置。

为了提高火炮的攻击效果，所有的火炮都配置在舰体的中轴线上，能够在设计的时候同时瞄准同一目标。另外，若是将炮塔前后并排，就会影响彼此的射击动作，所以还是配置成阶梯落差的形式，比较能保证火炮射界。

拥有建造先进军舰技术的各个国家，在军舰的竞争上日渐激烈，火炮配置更因此花上更多心思。英国“纳尔逊”号与法国“黎塞留”号就把全部的主炮都配置于船舰的前方，这样可以使弹药库集中在同一区域，在缩小防御范围上具有相当大的意义。

至于副炮，在第一次世界大战以前都是以简单的炮架将其装设在船舷侧边，等发展到用其对付飞机等的时代，才将其装在甲板上的炮塔中，当成对水面或防空的高平两用炮来使用。

主炮的配置

“三笠”号（日本，1902 年）

早期的战列舰一般都会把大型的双联炮塔安装在舰体的前后端

“无畏”号（英国，1906 年）

废除了中间炮，增加主炮的数量，在舷侧也配置了大型炮塔。能够对任何方向的目标由 5 座炮塔中的 3 座进行射击

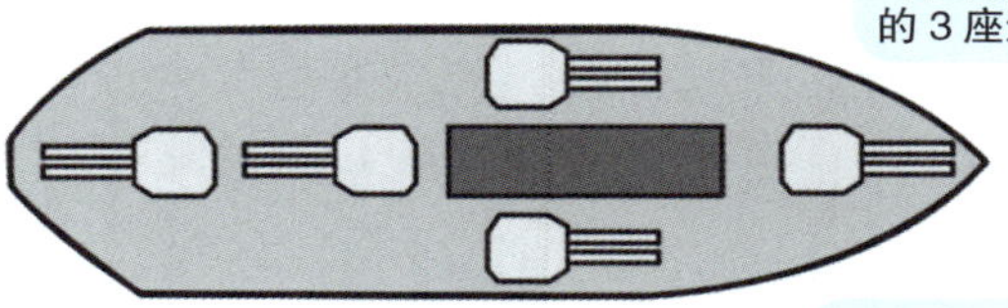

“威斯特法仑”号（德国，1910 年）

搭载 6 座大型炮塔，几乎没有射击死角，能够对各个方向进行炮击

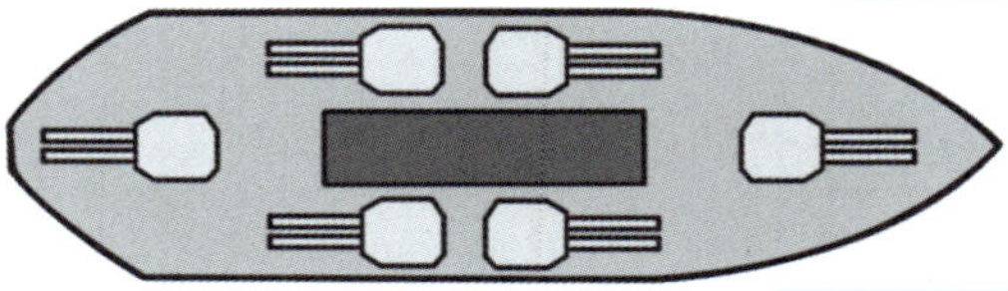

“南卡罗莱那”号（美国，1910 年）

炮塔采用背负式配置，靠近中部的炮塔被垫高安装，将炮塔有效集中于前后

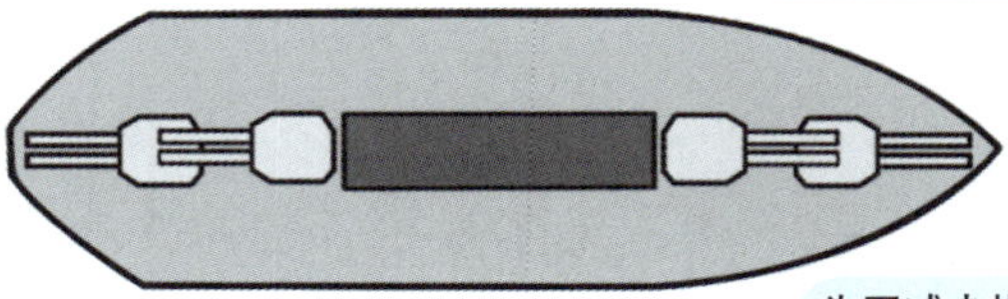

“纳尔逊”号（英国，1927 年）

为了减少排水量而把弹药库集中于一出，缩小装甲范围，炮塔采用背负式配置

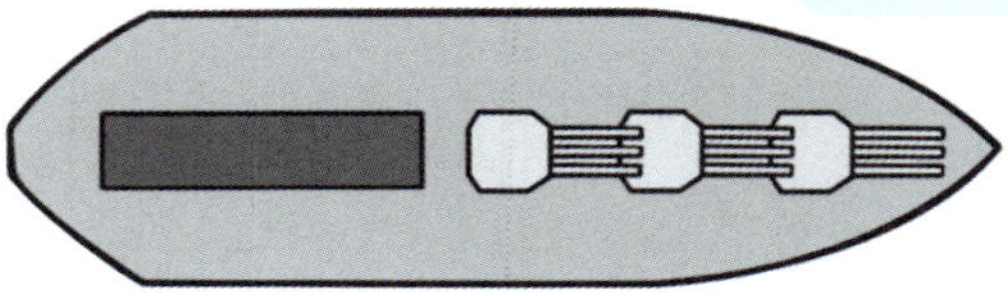

“大和”号（日本，1941 年）

配置三联炮塔，前方两座，后方一座，同时期美国的北卡罗来纳级和爱荷华级战列舰也采用如此配置

No.038 副炮有什么用

在军舰上，除了主炮，副炮的作用也不容忽视。

防御战斗用的重要火炮

在战场上，军舰的主炮常以强大的火力、长远射程出名，但大型舰艇的主炮过于巨大，炮塔的旋转速度很慢，装填弹药耗时较长，弹药数量有限，在面对鱼雷艇这样的小型舰艇时，速度更是难以跟上。这个时候，我们就不得不提可以作为重要防御战斗武器的副炮了。

对 19 世纪末的军舰而言，在舷侧都会装设一排的副炮，而英国的复仇级可算是最早的范本。当时的副炮有时会以个别装设的方式设置在各个炮室中，或是装设于固定在甲板上的旋转台上，防盾可以与火炮一起动作，用以抵挡敌舰炮弹。像这样被称为炮廊（Casemate）式，弹药多存放在甲板下的副炮用弹药库中，并依照需求搬运上来。最初采用手动方式，待其口径发展到一定程度，开始使用机械式装填。

虽然炮廊式是一种很古老的设计样式，但在第二次世界大战时仍多被采用。

到 20 世纪 20 年代，从英国的纳尔逊级、美国马里兰级开始，也采用炮塔式来装设副炮，这是为了增强舷侧防御力，且增加副炮的射界，使其能担负防空任务。实际上，美国战列舰的副炮虽然比其他国家的要小一些，是 127 毫米炮，但射击速度较高，同时也是优秀的防空火炮。

复仇级战列舰

复仇级战列舰参加了两次世界大战。一战中，该级“复仇”号、“皇家橡树”号参加了日德兰海战。二战中，“皇家橡树”号在斯卡帕湾锚地被潜入的德国 U47 号潜艇击沉。1942 年复仇级编入英国海军东方舰队抵御日本海军在印度洋的发动的攻势。该级“拉米利斯”号在马达加斯加岛遭日本潜艇攻击而搁浅，后被修复。1944 年由于战争局势缓和复仇级转为预备役。

装设副炮的作用

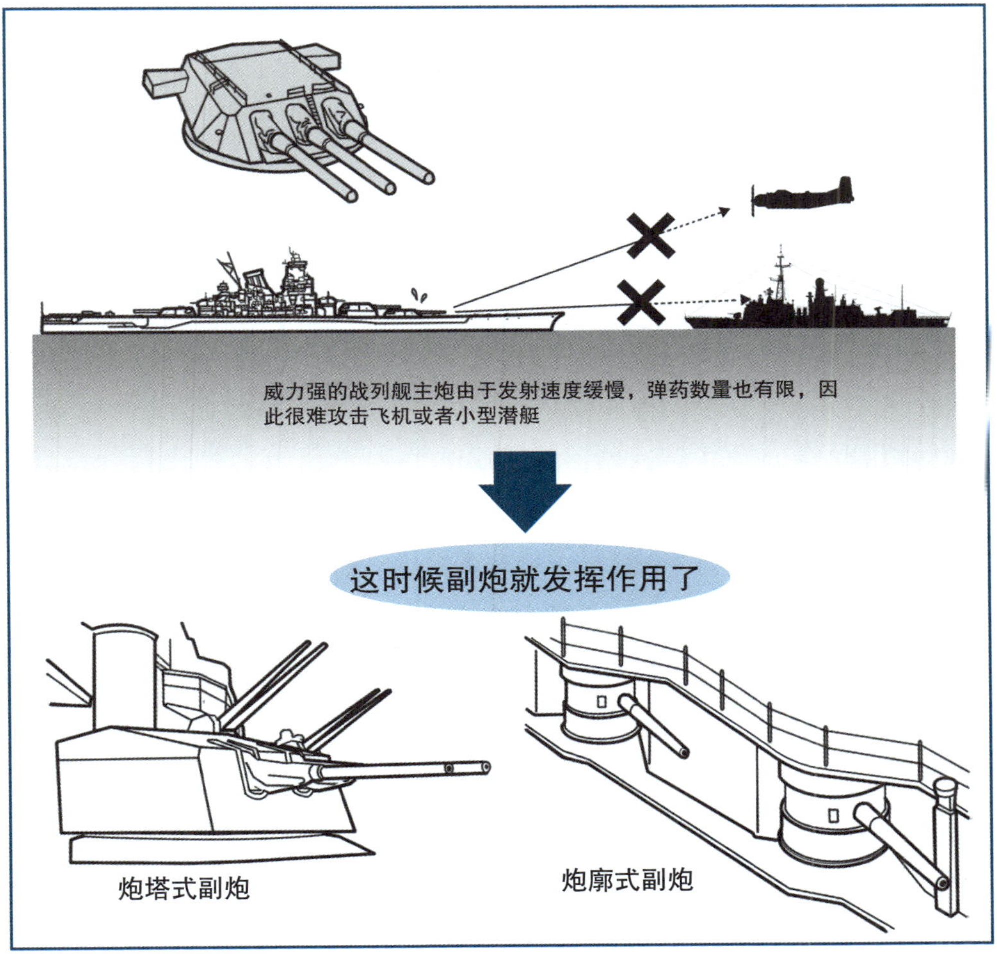

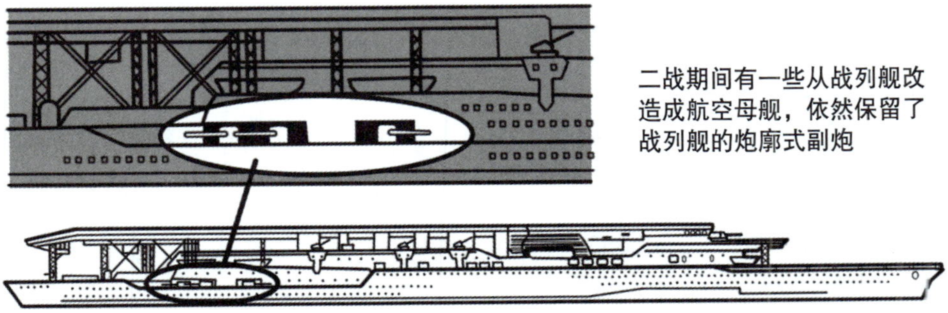

二战期间有一些从战列舰改造成航空母舰，依然保留了战列舰的炮廓式副炮

No.039 鱼雷是什么

装有大量的火药、能在水中高速突进的鱼雷，可以对舰艇带来极大的伤害，在战争时期，不仅对军舰，连商船也深受其害。

水下死神

1866年，鱼雷被发明出来，最早的鱼雷是利用压缩空气推动活塞，速度只有6节，射程600米。

之后，将高压空气与燃料爆炸所产生的燃气送进气缸以推动活塞运动的空气型鱼雷出现，在第一次世界大战时速度为30节，射程为4000米，第二次世界大战时速度提升至45节，射程为10千米。

热空气型鱼雷会因为排气而产生气泡，于水面留下痕迹。日本对其进行改良，成功研制出“氧气鱼雷”。这种鱼雷使用氧气取代空气，由于氧气能被完全燃烧不会排出废气、燃烧效率较佳、射程较长，不容易留下痕迹；但是其操作比较困难、有爆炸的危险，在大战时只有日本使用，战后俄罗斯也采用过。

虽然大战时也出现过以电池来推动马达的电气式鱼雷，但其出力较低。到了战后，热空气型与电气式的研究都有了长足进步，热空气型采用闭式循环系统以排出废气，电气式的性能也有所提升，更加实用。

鱼雷的引信是采用触发式或磁感应式，磁感应式引信会在舰艇正下方的龙骨处引爆，以此对舰艇造成较大伤害。最早的引信是依靠惯性，第二次世界大战时择优开发出可以依据敌舰的声音来指向目标前进的追音式鱼雷。战后则有航迹追踪、有线制导、搭载主动式/被动式声呐等制导方式出现。

以前的鱼雷会装在巡洋舰、驱逐舰、鱼雷艇、轰炸机等平台上，现在多为潜艇在使用，在战后配备的属于更为小型的短鱼雷，可以搭载在潜艇或飞机上，也会被当做反潜火箭的弹头。

鱼雷的构造

第二次世界大战时的鱼雷构造

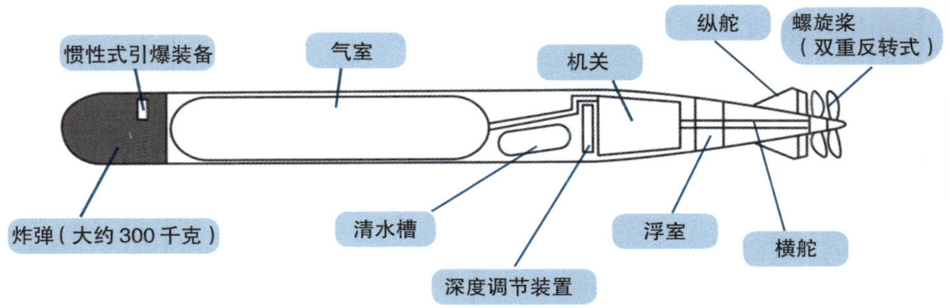

现代鱼雷构造

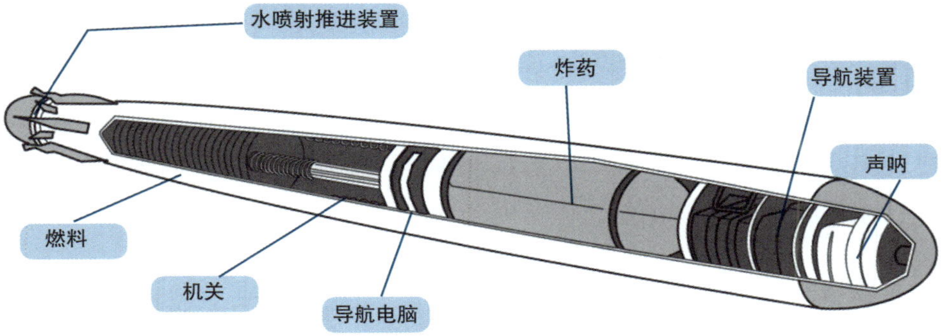

代表性的鱼雷

※ 可以用减低速度的方式来延长射程

名称	国籍	年代	速度（节）	射程（厘米）	弹头重量	推进机关	制导方式
G7a	德国	二战	43/30	5/12.5	280	热空气	无
G7a	德国	二战	30	5	280	电气	无
八九式	日本	二战	45/36	5.5/10.1※	300	热空气	无
九三式	日本	二战	49/37	19.8/39.4※	490	氧气	无
九五式	日本	二战	49/46	9.0/11.9※	405	氧气	无
Mk16mod1	美国	二战	46	6.3	339	热空气	无
Mk146NAERTIP	美国	现代	45/25	10.8	45	闭式循环	声呐
Mk48ADCAP	美国	现代	60/40	27/32※	300	闭式循环	有线+声呐
ET80A	俄罗斯	现代	45/35	11.5/14.4※	272	电气	有线+声呐
“暴风雪”	俄罗斯	现代	195	10	210	火箭	?

No.040 战舰有哪些反潜武器

过去要想击毁藏在水下的潜艇要靠投下大量的深水炸弹，而现在用反潜火箭就能进行追击并将其击毁。

从天女撒花到自动追踪

最早期的反潜武器是深水炸弹，这是一种把炸药装进容器的单纯型武器，可以调节引爆的深度。由于其价格便宜，在对付位于较浅深度的潜艇时相当有效。

由于深水炸弹是从甲板上的滑轨投放，所以在投放时舰艇的航迹就必须沿直线前进才行，因此后来也研发出可以抛射深水炸弹的投射装置。除此之外，还有利用臼炮或火箭投掷的方式，俄罗斯直到现在仍在沿用。

由于深水炸弹从探测到潜艇开始一直到在指定深度引爆为止，会花费较长时间，所以最后变成只能凭感觉投射，而且其还有着爆炸时会暂时无法使用声呐的缺点存在，需要进一步改良才行。

战后出现了核深水炸弹这种替代品，美国、苏联都曾制造这种炸弹，由于核弹头具有相当的破坏能力，所以即使不能达到正确的潜艇位置，也能将其击溃。

“刺猬炮”（Hedgehog）是在第二次世界大战时期开发出来的反潜投射武器，在现代仍有使用。这是将小型深水炸弹像撒网一样大量投射散布在广阔的范围内，射程可达300米以上，采用触发式引信，只要其中一枚爆炸其余的全部被引爆。

等到反潜火箭登场，反潜武器便产生了飞跃式的突破，这是将小型制导式“短鱼雷”装上火箭推进器所构成的武器。

在水面舰艇探测到潜艇后，将其发射出去，等火箭飞行至目标附近，就让短鱼雷入水，在这之后，鱼雷就会在附近展开圆周运动或螺旋运动以进行搜索，等发现目标就开始追踪。

反潜武器

初期的反潜武器

在进行反潜作战时，会沿着航行路线投下深水炸弹，深水炸弹的爆炸深度根据预计目标潜艇的深度来设定

现代反潜武器（ASROC 反潜火箭）

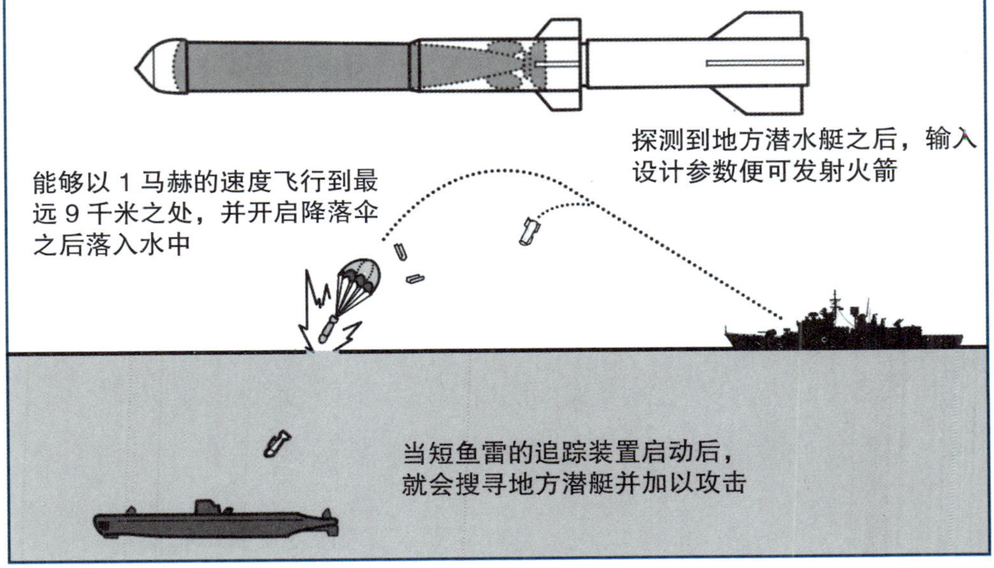

探测到地方潜水艇之后，输入设计参数便可发射火箭

能够以 1 马赫的速度飞行到最远 9 千米之处，并开启降落伞之后落入水中

当短鱼雷的追踪装置启动后，就会搜寻地方潜艇并加以攻击

No.041 战列舰的最强武器是什么

在飞机被当做武器之前，海战都以炮击定胜负，就当时而言，世界各国都致力于巨型火炮研发。

射程、精度、威力的极限

在1920年日本战列舰“长门”服役之后，美、英等国也开始进行巨舰的建造，世界上随后出现了7艘拥有400毫米炮的战列舰。在此之后，虽然由于海军条约禁止建造战列舰，但在第二次世界大战时还是出现了拥有更强威力主炮的战列舰参战。

随着主炮的大型化，炮弹与火药量也会增加，以460毫米炮为例，其炮弹重约1460千克，装药共计约330千克，发射时炮管内的压力高达3300大气压。

小口径火炮是在特殊钢的块体上挖出孔洞来制造出炮管，而大口径火炮则是以好几层筒子相互套叠起来的多层构造，最内是耐磨耐热的特殊钢层，然后是以高张力钢缆卷出的层，最外侧再用一层特殊钢套起来。把这些层次加以套叠的时候，先用加热的方式让外侧层产生膨胀，再将内侧层插进去，待其冷却收缩。最内侧的一层最后插入，并以水压令其与炮管密合，等这样的炮管完成后，最后把膛线（使炮弹可以旋转以稳定弹道的沟槽）刻上去。

哪怕制作如此精心的炮管，却也只能发射200发炮弹就会报废。而且命中率高、火力强的炮管寿命更短，加上只能只用配合该炮的炮弹，若不是同型舰的话就不能相互通用，因此巨炮的花费非常昂贵。尽管如此各国仍未停止对巨炮的研发。

到第二次世界大战中，用巨炮战舰已经不能压制对方，必须依靠来自空中的火力，依靠主炮火力而坐拥最强宝座的战列舰最终不得不为航空母舰让座。

战舰的最强武器是主炮

460 毫米炮与装药

406 毫米主炮的炮弹重达 1460 千克，全长近 2 米，内装炸药约 330 千克

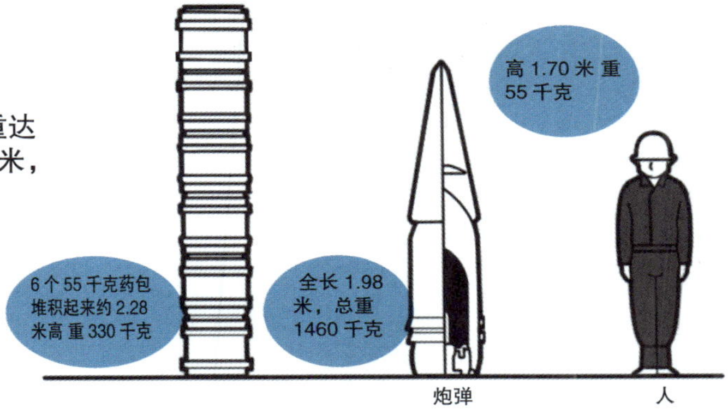

460 毫米炮的弹道

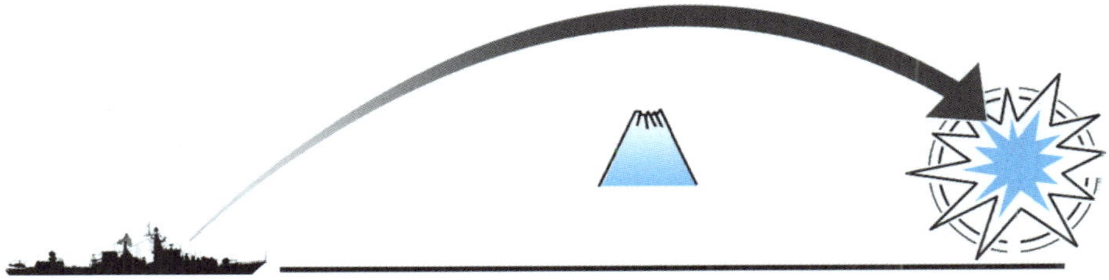

若以最大仰角 43° 发射，炮弹的最高高度能达到 11000 米，发射 90 秒以后在 42 千米远的地方落弹

460 毫米炮的射程

半径为 42 千米的大圆以内都在其射程之内

No.042 军舰的天敌

第二次世界大战后，飞机就成为了军舰最大的敌人，若不能掌握制空权，舰队的行动将会极其困难。

阵型、增设防空炮与新技术

第二次世界大战时，水面舰艇为对付来自空中的敌人——飞机，不断探寻新的方法，特别是对于国力强大的美国而言，可以竭尽所能地实现这些构想。

在舰队阵型上会采用“圆阵”，将脆弱的航空母舰包围在舰队中央，在其周围摆上战列舰或巡洋舰用以防御，更外侧则由驱逐舰保护，以此应对来自空中、海上的威胁。在舰队前方，还会配置雷达警戒舰以期更早发现敌机。

在装备方面，除雷达外，会尽力充实防空火力（军舰能轻易增设武器设备，与其他兵器不同）。防空炮与防空机枪都被设置至将近极限状态，因此发生过因武器超重在遭遇暴雨时沉船的意外。除此之外，还研发出近发引信这种可装在防空导弹上，在接近敌机时会自动引爆的武器，实战效果十分惊人。

由于建造大型航空母舰需要消耗大量时间和金钱，因此美军以大量护卫航空母舰补足数量，用以执行舰队上空的空中巡逻任务。

同时，潜艇也得到较快发展，成为新的强敌。为防范潜艇，常将深水炸弹等装在驱逐舰等上加以应对。

到战后，防空炮会装上射控雷达，提升其防空能力。但等到喷射式攻击机与小型高速的反舰导弹登场后，就要研究新的战术了。

对于这些威胁，常会使用大型远程防空导弹等来应对，但由于不够迅捷，现在改用以大量导弹进行防御的宙斯盾舰。

军舰的天敌从天而降

圆阵与雷达警戒舰

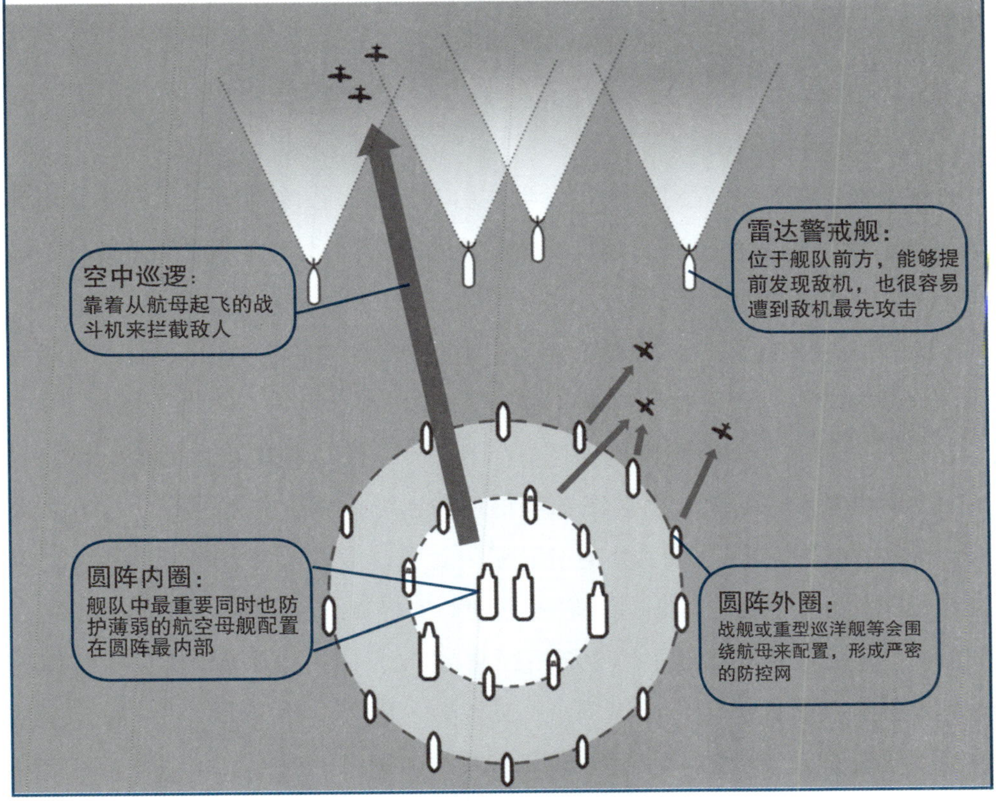

现代的导弹防御

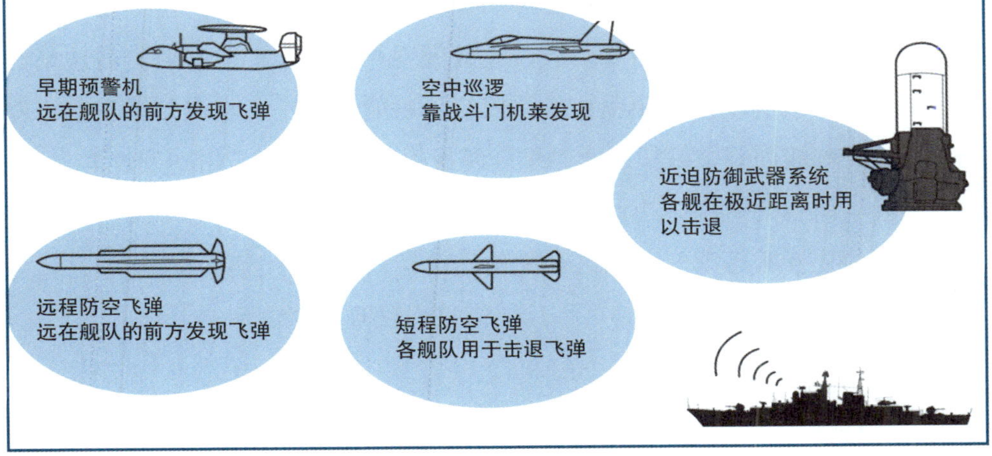

No.043 军舰怎样夜战

在太平洋战场上，包括所罗门群岛周边在内，曾发生过多次夜战。

分筋错骨的对战

主力舰之间的相互对战大多发生在白天，到了夜晚则会让鱼雷艇利用黑夜展开奇袭，这是在二战前极其有效的战术，而当敌舰位于港湾之内时是最佳时机。

对战力相对较弱的日本海军而言，会在夜战中投注更多的心血，包括鱼雷艇与驱逐舰在内，都在想方设法扩充鱼雷的实力。

另外，日本也积极地使用探照灯，利用产生于碳质电极之间的电弧，将直径 1.5 厘米左右的电极封装在铈等材料中，可以调节亮度与光色，电弧光会以反射的方式加以收束，并透过管制装置照往敌舰所在方向。大和级上面所装设的探照灯直径达 150 厘米，使用 300 安电流，可照射到 12 千米处，一共装有 8 座。就连驱逐舰上也装有直径 90 厘米，使用 200 安电流的探照灯。

舰队在夜战时会采用单纵阵（一列纵队）航行，并只让其中一艘以探照灯照射，其他舰艇会对被照射的敌舰发起集中炮击。而打出探照灯的那艘舰艇因为自身位置的暴露，常会遭到敌军集中炮火攻击。

另一方面，美国海军使用的是照明弹。这是一种可以靠降落伞延长滞空时间的发光弹，将其打至敌舰背后，让敌舰现行。由于美国的射击雷达精确度有所提升，就算不使用照明弹或探照灯等也能进行正确炮击。第三次所罗门海战中日本战列舰“雾岛”号及苏里高海战中“山城”号都被雷达发现并击沉。

另外，日本为确保“夜间瞭望员”的高度夜视能力，还会对其进行特别训练，因为要让眼睛习惯黑暗，会把他们关在只有红灯照明的房间里，且为了补充夜视维生素（维生素 D），让他们以八目鳗作为食物。

军舰的夜战方式

使用探照灯来炮击

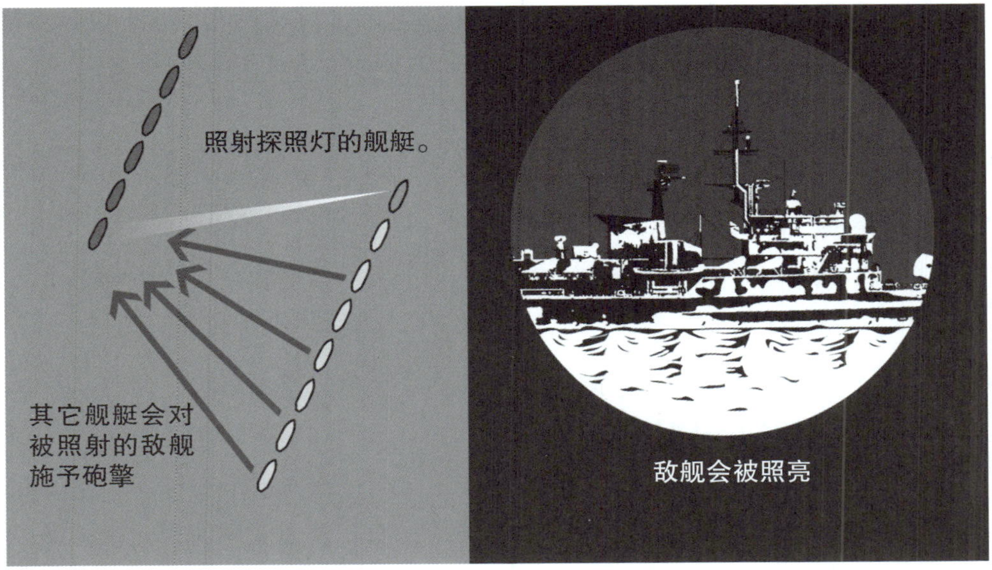

使用照明弹来炮击

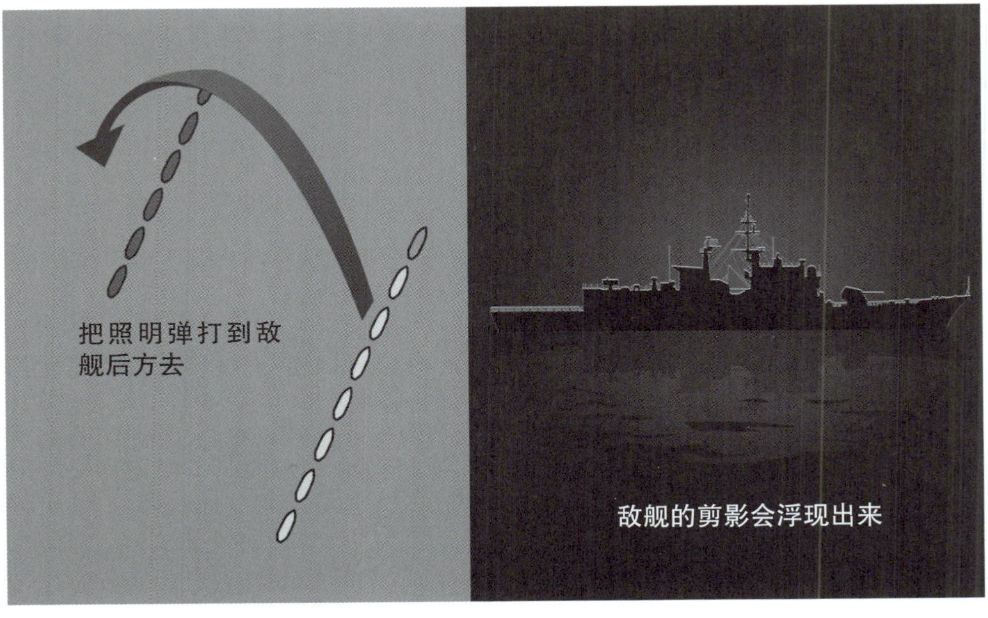

No.044 什么情况下战舰会沉没

在第二次世界大战时期，各地都有发生大规模海空战斗，但被视为主力的战列舰在战斗中沉没的并不多。

意外少量的作战损失

在第二次世界大战中有数十艘战列舰（或战列巡洋舰）参战，虽然其中有30艘因为各种各样的原因沉没，但在战斗中被直接击沉的实属少数。

德国“俾斯麦”号曾将英国“胡德”号击沉，这是战列舰以炮击击沉战列舰的唯一案例。

“布列塔尼”号在法国与德国签订休战之后被英军击沉，“罗马”号在意大利投降后被德国击沉。

被击沉的原因主要是遭到空袭，在海上作战被击沉的舰艇很少。其他因为空袭而被击沉的则都是在港湾内被袭击的，尤其是战败国的军舰，有很多都是因为战局恶化导致无法出击而被击沉。除此之外，像美国有两艘战列舰是在偷袭珍珠港时沉没的，虽然还有其他被击沉的战列舰，但都经过维修后再度服役了。

被潜艇击沉的英国“皇家橡树”号与日本“金刚”号，前者在港口被攻击，在外海被击沉的只有“金刚”号。虽然还有其他战列舰被潜艇盯上，但都只有被1~2枚鱼雷击中不至于沉没，仍可以回港维修。日本“陆奥”号在停泊时因炮塔发生爆炸而沉没（军舰内狭窄的空间装满危险物品，容易发生火灾或爆炸）。法国“孤拔”号在诺曼底登陆作战时为了要当作人工港湾的一部分进行自沉。

特别一些的例子有苏联的“马拉”号，其原本是战列舰“彼得罗巴甫洛夫斯克”号，于1919年重捐座底后被修复，改名“马拉”号，在1941年又因为重损陷入无法航行的状态。在战后再度进行修复，改名“沃尔霍夫”号练习舰，到1953年才退役。

战舰沉没原因

第二次世界大战时战列舰、战列巡洋舰损失原因

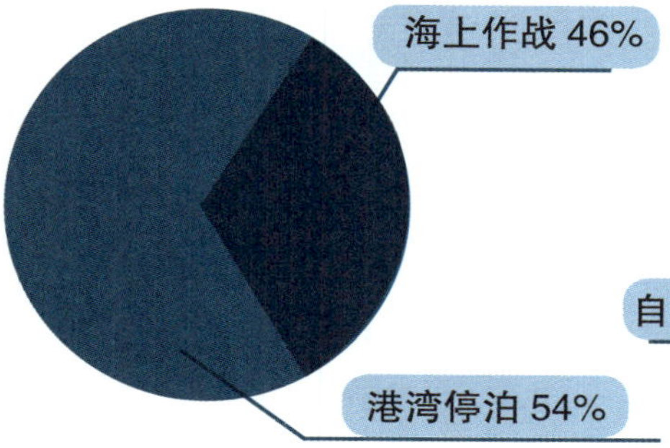

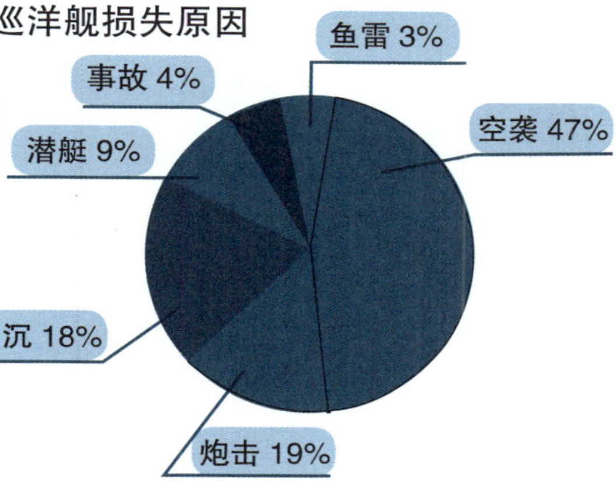

在第二次世界大战沉没的 30 艘战列巡洋舰中，被战列舰击沉的数量少之又少

日本

舰名	原因	地点	时间
比叡号	空袭	瓜达康纳尔岛	1942.11.13
雾岛号	水面舰攻击	瓜达康纳尔岛	1942.11.15
陆奥号	事故	吴	1942.6.8
武藏号	空袭	锡布延海	1944.10.24
扶桑号	水面舰鱼雷	苏丽高海峡	1944.10.24
山城号	水面舰鱼雷	苏丽高海峡	1944.10.24
金刚号	潜艇攻击	台湾海峡	1944.11.21
大和号	空袭	东海	1945.734
伊势号	空袭	吴	1945.7.24
日向号	空袭	吴	1945.7.24
榛名号	空袭	吴	1945.7.24

美国

舰名	原因	地点	时间
亚利桑那号	空袭	珍珠港	1941.12.7
奥克拉荷马号	空袭	珍珠港	1941.12.7

英国

舰名	原因	地点	时间
皇家橡树号	潜艇攻击	斯卡帕湾	1939.11.14
胡德号	舰艇炮击	丹麦海峡	1941.5.24
威尔斯亲王号	空袭	马来海域	1941.12.10
反击号	空袭	马来海域	1941.12.10
勇士号	潜艇攻击	地中海	1941.11.25

德国

舰名	原因	地点	时间
俾斯麦号	水面舰攻击	北大西洋	1941.5.21
沙恩霍斯特号	水面舰攻击、鱼雷	挪威北角	1941.12.26
威尔斯亲王号	空袭	挪威	1944.11.12
提尔皮茨号	自沉	格丁尼亚	1945.5.28

法国

舰名	原因	地点	时间
布列塔尼号	水面舰攻击	奥兰	1940.7.3
敦刻尔克号	自沉	土伦	1942.11.27
普罗旺斯号	自沉	土伦	1942.11.27
斯特拉斯堡号	自沉	土伦	1942.11.27
孤拔号	诺曼底	土伦	1944.6.6

意大利

舰名	原因	地点	时间
罗马号	空袭	博尼法乔海峡	1943.9.9
加富尔伯爵号	空袭	第里雅斯特	1945.2.20

英国

舰名	原因	地点	时间
马拉号	空袭	喀琅施塔得	1941.9.23

No.045 巡洋舰在海战后扮演着怎样的角色

第二次世界大战后，一段时期内巡洋舰成为舰队的核心。

冷战时期是巡洋舰的黄金时代

在战后，曾经有段时期认为巡洋舰最适合用来当做海军指挥舰或旗舰，由于其拥有小型舰艇（驱逐舰）所没有的出色的反舰及防空能力，所以被用来担任航空母舰机动部队的护卫任务。

一般来说，排水量在6000吨以上、10000吨左右的中型高速舰艇被称为巡洋舰。战后，美国将大战中建造的巴尔的摩级重型巡洋舰与克利夫兰级轻型巡洋舰主炮拆除掉一部分，并以刚研发完成的防空导弹取代，构成“导弹巡洋舰”。

美国于战后建造的第一款巡洋舰是“长堤”号，上面装有“护岛神”与“小猎犬”防空导弹，还有当时最具革命性的相控阵雷达及核动力装置。之后，美国海军把巡洋舰定位为“担负舰队防空任务的舰艇”，并发展至现在的特康德罗加级。其舰身与驱逐舰史普鲁恩斯级相同，仅是搭载了沉重的宙斯盾武器系统，所以升级为巡洋舰。

其他国家除了防空任务用巡洋舰外，还制造出用以执行反潜任务的巡洋舰。对没有航母的国家而言，还会建造可以运用多架反潜直升机的“直升机巡洋舰”。

苏联对于装备反舰导弹投注相当多的精力，并建造出光荣级等舰艇，其顶点基洛夫级拥有相当高的反舰防空能力，还装有反舰火箭。

现在，各国海军都会倾向于将尺寸缩小，并将舰队旗舰的角色交给垂直/短距起降飞机航空母舰或两栖舰艇来担任，其他任务则会慢慢移交给驱逐舰与护卫舰。

战后巡洋舰扮演的角色

战后各式各样的巡洋舰

防空任务

美国的提康德罗加级巡洋舰，装备了宙斯盾武器系统，标准排水量 8300 吨

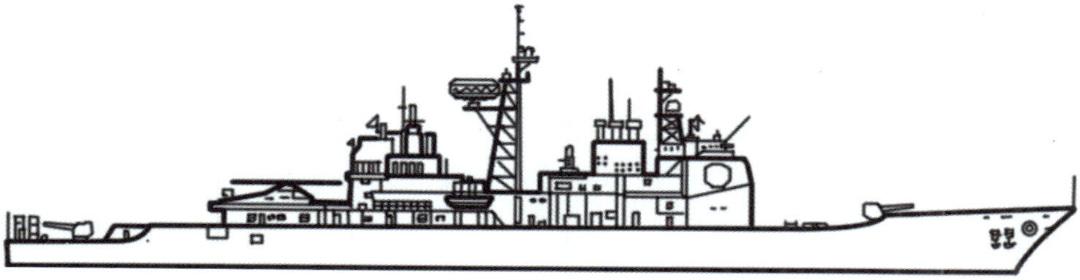

反舰任务

俄罗斯的光荣级巡洋舰，装有 8 座 P–500“玄武岩”反舰巡航导弹发射装置，担任舰队旗舰，标砖排水量 10000 吨

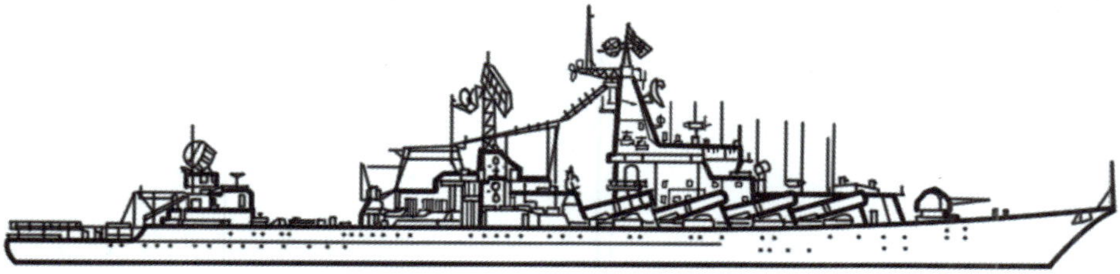

防空、反舰任务

俄罗斯的基洛夫级巡洋舰，舰上装备了具有强力防空、反舰导弹的垂直发射系统，装备有“要塞”舰队防空系统，标准排水量 24300 吨

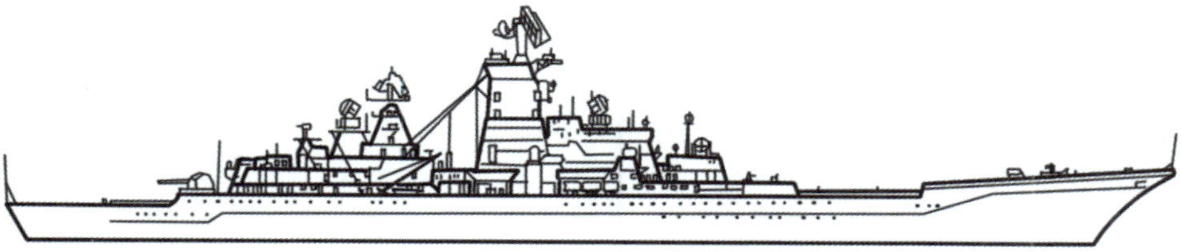

No.046 现在有哪些反舰导弹

反舰导弹是以苏联为中心获得较快发展的，它的出现令海战的形式发生了巨大变革。

比主炮还要远程的精确攻击

第二次世界大战中，1943年从德国空军轰炸机投下的制导炸弹“Fritz X”将意大利海军的旗舰“罗马”号一举击沉，包括舰队司令官在内的1350名舰员全部遇难。Fritz X是种无线电制导的滑翔炸弹，可算是反舰导弹的先祖。

战后，苏联为对抗美国以航母为中心的优势机动部队，对于反舰导弹投入大量人力物力进行研究。

1967年，以色列驱逐舰“埃拉特”号被埃及导弹艇所发射的苏联制反舰导弹击沉。此消息在世界各国海军中引起了巨大震动，各国因此开始配备反舰导弹，或是决定向此方规划，甚至出现了认为大型舰只能沦为导弹的目标而将海军规模缩小的国家。

旧型的反舰导弹必须依靠发射平台以目视或雷达波的方式进行制导，而新型导弹则在发射后不再需要借助外界的协助，具有“射后不理”（Fire And Forget）的能力。

达到现代水平的反舰导弹，首先需要输入目标的方位资料，在惯性制导或GPS制导的状态下发射，等导弹飞行至某个阶段再启动寻标器，以照射雷达波的方式搜索目标。由于雷达波一旦碰到目标就会反射回来，因此可依据回波飞向目标。

还有一种本身不会发出雷达波的被动式导弹，依靠追踪目标警戒雷达发射的电波、排出的热量等红外线锁定目标。至于那种上面搭载电视摄影机，以光学影像或红外影像进行追踪的型式，则可分为依靠操作员一边观察目标一边追踪，或由导弹自动判断进行追踪两类。

反舰导弹的分类

反舰导弹的构造

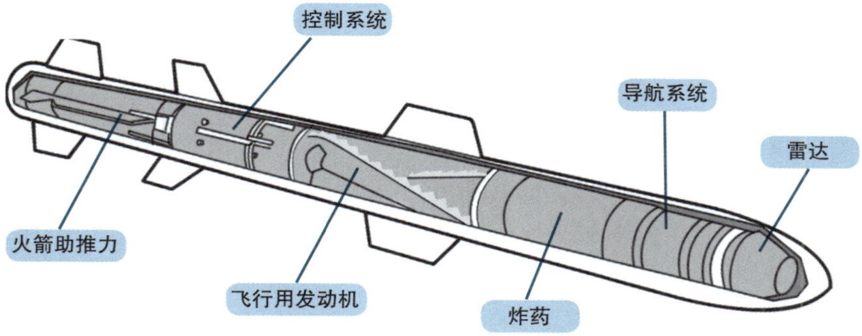

反舰导弹的两种飞行方法

弹道飞行

从导弹发射平台以抛物线向目标飞行，虽然容易被雷达探测到，但是飞行速度较快，拦截比较困难

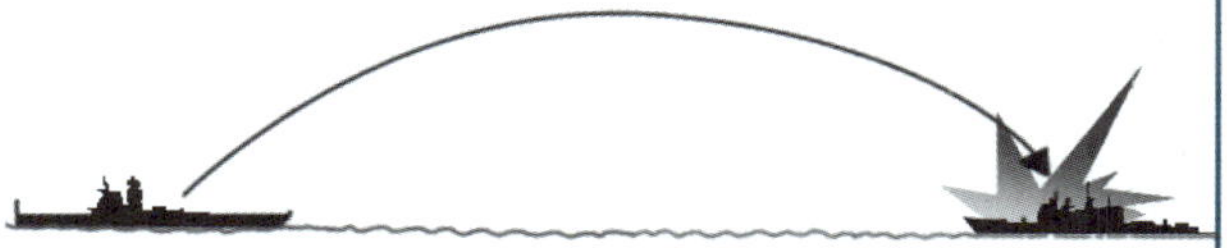

航道飞行

几乎是位置一定的高度飞行，紧贴海面飞行的方式叫做“掠海飞行”，这种类型的导弹虽然速度较慢，但是由于是低空飞行，很难被探测到

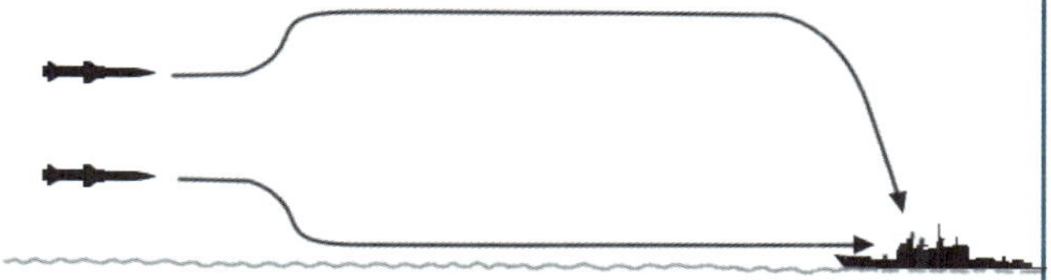

几个国家主要的反舰导弹

国家	名称	射程（千米）	高度	弹头重量（千克）
法国	SM39 飞鱼	50	超低空	165
意大利、法国	奥托马特 Mk2	160	超低空	210
挪威	企鹅 Mk	225	超低空	120
中国	C–802	48	超低空	150
美国	鱼叉 IC	128	超低空	227
俄罗斯	P–700	550	高空	750
俄罗斯	P–270	100	超低空	150
日本	92 式舰对舰诱导弹	150	超低空	22

No.047 什么是舰载防空导弹

为确保自身安全不受来自空中的威胁，现代舰艇常会装设能够涵盖从 100 千米处到近距离的多重防空导弹系统。

3 段式防空导弹

现代会使用防空导弹作为防御敌机与导弹的手段，依据其射程可分为 3 种。

由于远程防空导弹的拦截范围较广，所以常被称为舰队防空导弹。美国的“标准”系列导弹与英国的“海镖”系列导弹是采用半主动式雷达制导的方式研制的，当导弹接收到从舰艇发射的雷达波的反射波，便会以此射向目标。宙斯盾武器系统则是将这种方式提升到最高等级，以宙斯盾舰担任整个舰队的防护任务。

等导弹接近至 10 千米左右的范围时，就要轮到单舰防空导弹出场了。美国的“海麻雀”、英国的“海狼”、俄罗斯的“短剑”等都属于此类。这也是属于半主动式雷达制导导弹，或是以把指令输送至导弹的方式进行制导。就现在来看，几乎所有的水面舰艇都会搭载这类舰载防空导弹。

如果这样还无法成功拦截，就要在近距离加以对应，而这种近距离的拦截系统被称为近迫防御武器系统。以前是以“方阵快炮”这类与雷达连动的火炮作为主流，但由于其不仅在射程与威力上都显不足，子弹也极易被打光，受到指责。随后，方阵快炮被另一种防空系统所取代。这种系统基于“响尾蛇”导弹改良而成，安装在巨大的垂直发射器中，使之可以连续发射。

若连这样的防空网仍被反舰导弹破坏，就只能采取最原始的电子反制手段或干扰丝（撒布铝箔细丝）、热焰弹（当做诱饵的高热弹）等手段，并诚心祈祷可以成功回避。

舰载防空导弹

舰载防空导弹

舰队防空导弹

大型、远程、高价，少数舰船装备

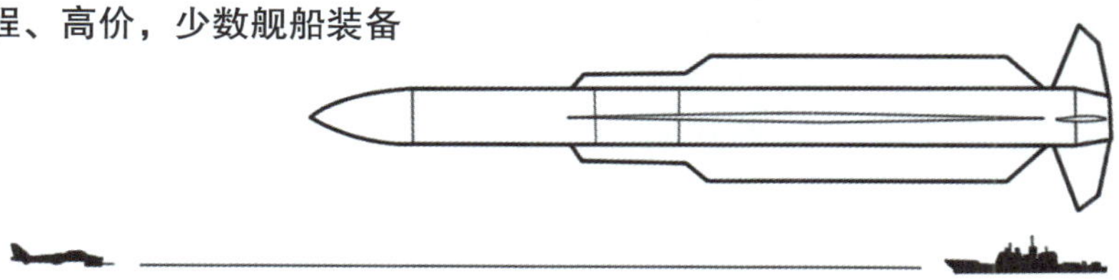

单舰防空导弹

射程较短，低价，多数舰艇都会装备

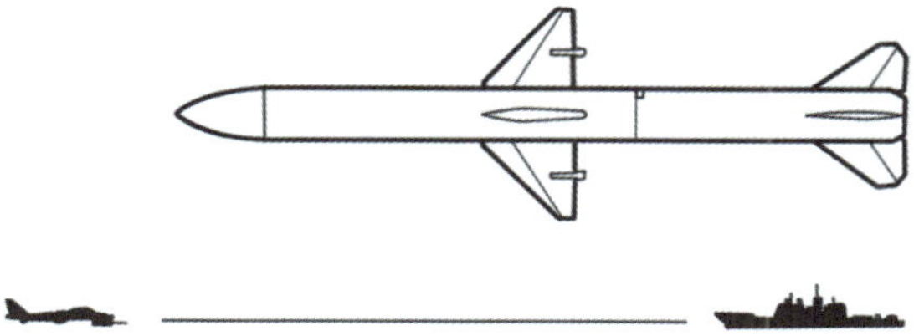

RAM

小型，射程很短，能够迅速发射。射程较短，
低价，多数舰艇都会装备

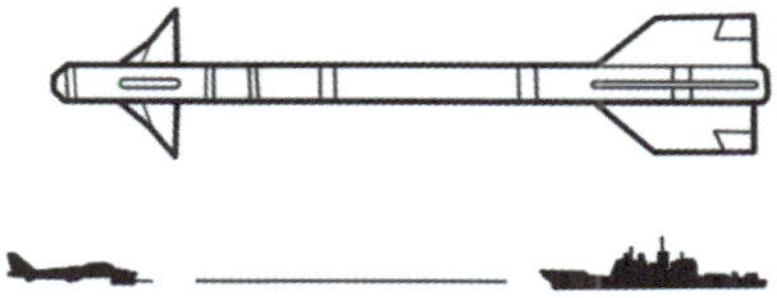

	国家	名称	导航	射程 / 千米	最大高度 / 千米	速度 / 马赫
舰队防空导弹	法国	“紫苑”30	I/TARH	70	20	3.5
	英国	“海镖”	SARH	63	18	3
	美国	“标准”	I/M/TSARH	162	25+	2.2
	美国	“海麻雀”	SARH	50+	–	4+
	俄罗斯	S300F	TVM	75	25	6
单舰防空导弹	法国	“西北风”	IRH	5.5	6	2.5
	英国	“海狼”	Cmd	5	6	2.5
	美国	“海麻雀”	SARH	14	8	2.5+
	俄罗斯	9M330“短剑”	Cmd	15	6	2.6
拉姆 RAM	美国	RAM	PRH/TIRH	11	低	2+
	俄罗斯	“短剑”	Cmd	10	6	1.8

No.048 现代军舰的结构是怎样的

现代军舰与过去相比，在重量上会轻很多，因为它并未考量防御炮弹，而完全被当成一座导向武器的发射平台。

在轻量船身上载满武器

由于反舰武器的火力已经相当强大，所以现代军舰上并未装有装甲，而是以电气焊接的方式组合钢材，单纯只靠构造来进行防御。在建造上大量采用区段工法，若是新型舰，还会将侧板设计成倾斜状，使得雷达波难以反射。

舰桥里面只留下操纵船舰的机能，战斗的指挥、管制则全部被移至船体内的中枢部位。

若是搭载直升机，就要在不会被波浪侵袭的舰艉设置飞行甲板，并加上机库。

为了提高稳定性，在舰底大多会装有腹鳍、稳定翼，鼓包状的舰首内部或舰首下方还装设有侦查潜艇的声呐。

推进装置大多会采用燃气轮机，虽然动力舱会因此变得紧致，但装有减速齿轮的机械室依然很大。

在桅杆上方等船舰的制高点上，会配置对空雷达、平面雷达、各式武器的制导雷达、射击指挥装置、用于近迫防御的拦截用火炮（CIWS）或干扰丝发射器等装备。

现代舰艇所使用的最大级主炮是166毫米自动炮，而在以前166毫米炮是当做轻型巡洋舰主炮使用的。

由于火炮与机枪数量比第二次世界大战时的舰艇少，所以整体看上起比较简洁，这是因为主要武装已被导弹所取代。鱼雷、反潜火箭、反舰导弹、单舰防空导弹等导向武器的发射机，会配置在前后甲板或舰桥附近的位置。近些年，VLS的多用途发射器兼弹药库被普及化，所以从外观上看感觉武器变少了。

现代军舰的构造

现代的军舰就像是一座海面上的导弹发射平台

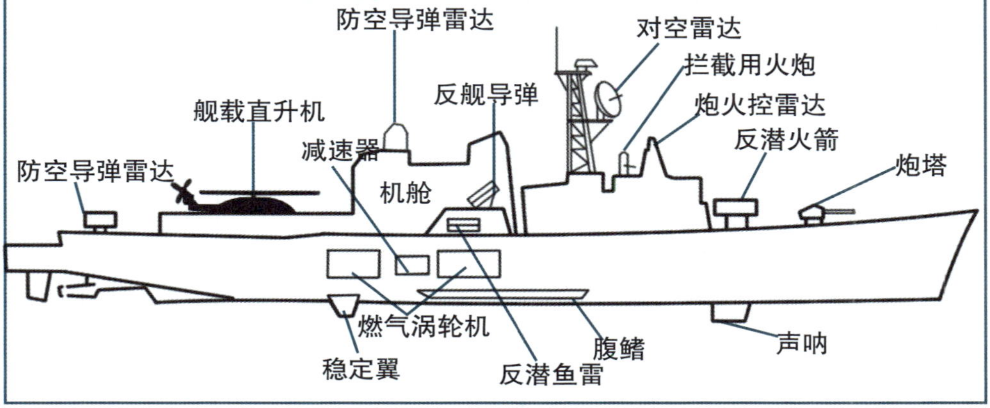

最新的军舰

大多都会采用 VLS 垂直发射系统，
所以从外观上看不到导弹

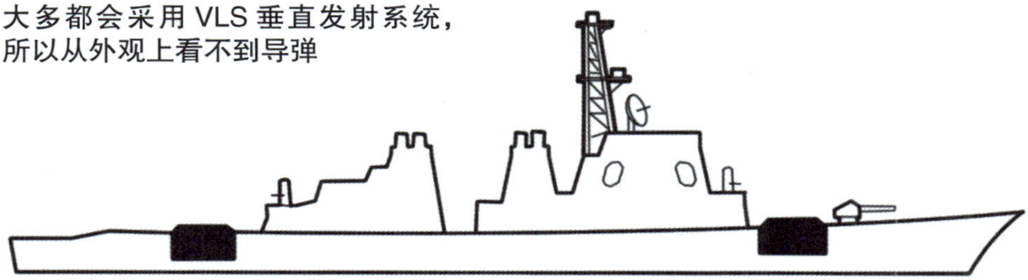

VLS 是装有导弹的发射箱组合

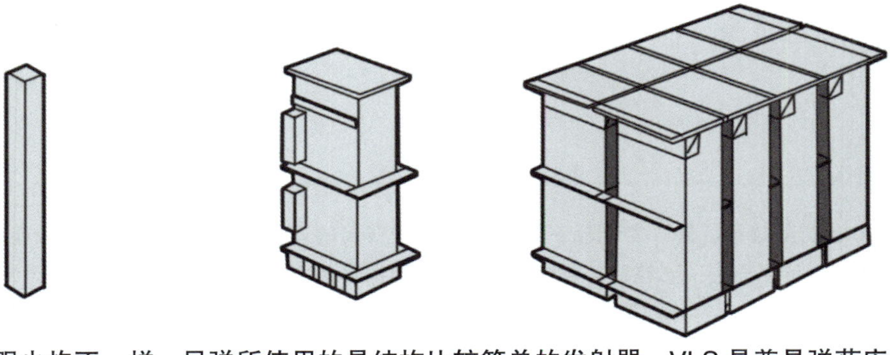

跟火炮不一样，导弹所使用的是结构比较简单的发射器。VLS 是兼具弹药库功能的发射箱，跟以前的发射器相比，发射速度更快。有一些 VLS 还可以同时运用防空、反潜、反舰、对地等多种导弹

No.049 建造军舰需要多少花费

由于军舰属于高尖端武器，建造时需要花费大量人力物力，因此拥有的国家也有限。虽然只建造几艘军舰不至于会对国家财政造成重大影响，但若建造的军舰超过国力承受范围，就可能导致国家破产。

压迫国家预算的无底洞

虽然战斗机与坦克能实现量产的话，成本就会降低，但军舰却完全不同，其建造所需材料需要花费大量的预算。

以日本战列舰“大和”号为例，其直接建造费用以当时的金额算约为1亿4000万日元，相当于当时日本昭和12年国家预算的3%。如果以现代日本主力舰艇作为参考，装备了宙斯盾的爱宕级驱逐舰建造费用也不过1475亿日元。

除建造费用外，由于军舰同时也是一种非常庞大的系统武器工程，要让整个系统顺利地运作起来，需要长远的规划和雄厚的军工基础。

若在运用舰队时可以谨慎计算费用，配合国力加以规划，就不至于使国家财政产生问题。举例而言，一战后日本计划建立“八八舰队”（8艘战列舰，8艘巡洋舰），以阶段式方式筹足数量，这样不至于一次大量占用国家预算，造成财政危机。但由于《华盛顿海军条约》对各国海军的约束最终未被实现。

“大和”号战列舰是日本帝国海军建造的历史上最大的超级战列舰之一。“大和”号建成时，标准排水量65000吨，试航排水量69100吨，满载排水量72808吨。舰体全长263米，水线长256米，垂线长244米，舰宽38.9米，水线宽36.9米，型深18.915米，平均吃水（试航）10.4米，满载平均吃水10.86米。1945年4月7日，“大和”号战列舰在冲绳岛战役中被美军飞机击沉于日本九州西南50海里处。

建造军舰需要花费大量军费

“大和”号战列舰的相对价值

日本的“大和”号战列舰的建造费用是当时日本国家预算的 3%，如果以现在的造船场来建造同等级的军舰，大概要相当于两艘宙斯盾战舰

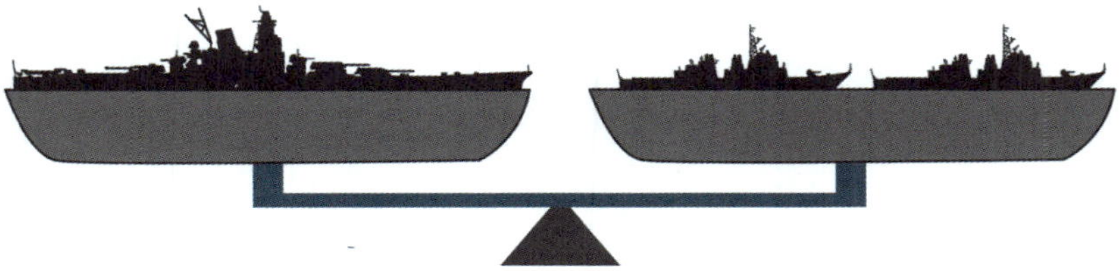

军舰所需费用的内容

建造费

设计等计划阶段费用
建材费用
建设人员费用

使用费

设备费用、维修费用、训练费用、燃料弹药费用、乘组人员费用

×

舰艇使用年限（20~30 年）

×

现代化改装或者解体处理的费用

如果是战争时期，还要加上额外的修理和零部件消耗费用，同时所产生的燃料、弹药、补给等

专题：昙花一现的日本自杀式载人鱼雷

当潜艇的实战作用一次次被证实以后，各国除了开发远洋潜艇，还研制了用于奇袭的小型潜艇。小型潜艇一般仅搭载数人，靠鱼雷或者炸药来攻击敌方舰船。这类潜艇续航能力往往较弱，所以常常会在近海或者港湾处使用，或者会搭载于母舰（大型潜艇）上。

从这种小型潜艇发展出了一种特别的“潜艇”——日本“回天”鱼雷。随着太平洋战场上日军态势的不断恶化，加上主力战舰一直处于劣势地位，已经逐渐丧失制海权，这种由人操控的自杀式特工武器被日军广为使用。从其名称也可看出，日军寄希望于通过这种鱼雷来扭转战场的颓势。然而事与愿违，截至战争结束，日军共投放了150余枚“回天”鱼雷，其战果却只是击沉一艘油轮和一艘驱逐舰。

“回天”鱼雷直径1米，搭载于潜艇甲板上，等到潜艇靠近目标以后投放。为增加对敌舰的命中率，鱼雷内部可装载1名乘员，乘员可由小型潜望镜确认敌舰的位置与操纵鱼雷。“回天”所装载的炸药量高达1.55吨，为一般鱼雷的3倍。

虽然可以在潜航时使用，但其设计大大限制了搭载潜艇的潜航深度。其操纵员必须于潜航之前进入鱼雷，使潜艇无法于距离敌舰较远时开始潜航，故搭载“回天”的潜艇经常成为美军的目标，共有8艘潜艇被击沉。

第三章

航空母舰

No.050 什么是航空母舰

航空母舰是以舰载机为主要武器、并为舰载机编队提供海上活动基地的大型军舰。

近代海军的最强战力

所谓航空母舰，就是能为舰载机提供活动场所、以其为武器的大型军舰，它能独立进行飞机的整备、补给、修理等活动，若不能进行这些活动而仅能搭载飞机就不能称之为航空母舰。

有些舰艇外观上与航母极其相似，但却并未具有与航母同等级的能力，因此只能归入其他舰种。像可搭载水上飞机并加以运用、却没有飞行甲板的水上飞机母舰，虽拥有飞行甲板但主要是用作进行登陆作战的两栖攻击舰，都不属于航空母舰。从狭义来说，操作固定翼飞机的船舰才会被称为航空母舰，而主要是运用旋翼机（直升机）的直升机母舰则不被视为航空母舰。

为了要达到为飞机提供海上军事基地的目的，航空母舰上会设有可供飞机起落的宽阔平坦的飞行甲板。

航空母舰的固定武装通常只具备防空或反导弹装备等自舰防御武器而已，其战斗力主要来自所搭载的飞机。依靠舰载机的相互组合，可以对应制空、反舰、对地、反潜、预警、电子战、救难、运输等各种任务，由于在作战时常会派出数架到数十架的飞机，因此还可以一次同时进行各种规模的任务。

由于航空母舰是一种移动式的航空基地，可以迅速把飞机部署至想要投入战力的地点，并进行长期作战，因此，其成为了战略上的一大重点。

在现代战争中，飞机是战场上的最强战力，因此具有弹性与高度紧急部署能力的航空母舰从第二次世界大战以后一直是海军主力舰。

认识航空母舰

航空母舰的定义

	以运用飞机作为主要目的的船舰	不以运用飞机作为主要目的的船舰
拥有飞行的甲板	航空母舰 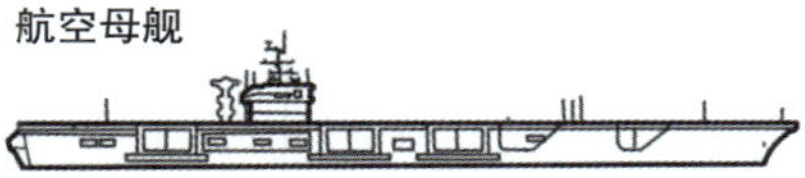 轻型航空母舰  直升机航空母舰（狭义上说并不算航母） 	两栖攻击舰 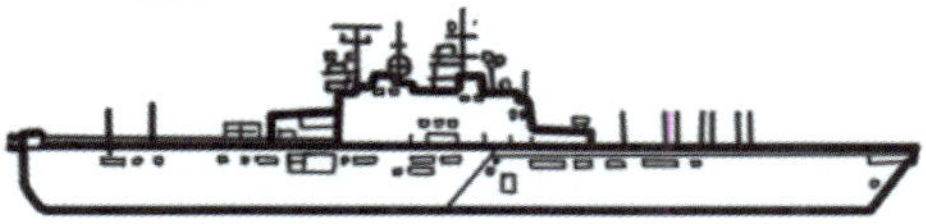 虽然也搭载飞机，不过主要是用来登陆
没有飞行的甲板	水上飞机母舰  没有飞行甲板，搭载水上飞机	搭载直升机的驱逐舰  飞机并不是主要使用方式

航空母舰的特征

战斗机（制空）

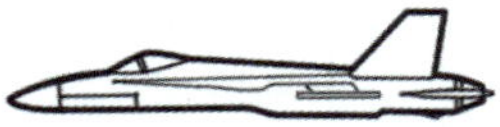

反潜机

攻击机（对地、反舰）

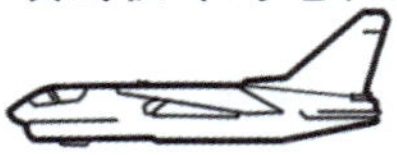

电子战飞机

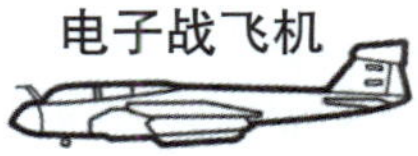

预警机（警戒）

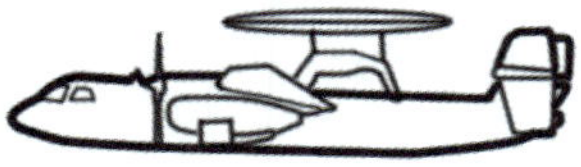

运输直升机（运输）

救援直升机（救援）

→ 把它们互相组合起来就可以弹性的运用

No.051 航空母舰有几类

航空母舰按运用上的不同可分为正规航空母舰、轻型航母、改造航母、护卫航母等，当然，按不同依据还有其他的划分。

正规与其他航母

航空母舰的分类方式有很多，最常用的分类方法是按照航母的实际使用来区分。第二次世界大战时期的航母大致可以分为3类。

第一类是“正规航母”，作为机动舰队核心的主力舰，既大型又高速，可搭载战斗机、攻击机、轰炸机等。美国的埃塞克斯级便属于此类。另外，在飞行甲板上施加装甲保护，有时会被称为装甲航母。

第二类是“轻型航母”或“辅助航母”，为弥补正规航母数量上的不足而建造，大多属于10000吨左右的小型舰艇，为了要在短时间内形成战力，大战期间还有利用潜水母舰或巡洋舰的船体建造的。

第三类是“护卫航母”，在执行运输船队的护卫、将飞机运送到前线时使用，大多由商船或客船改造而成。速度慢，搭载飞机数量较少，不适合执行战斗任务。二战中日本航母多采用改造舰，美国则称为吉普航母（Jeep carriers），基本设计图源自商船的构造，产量相当高。美国的护卫航母除原本的任务外，还被投入支援登陆作战或直接攻击敌军舰队的任务。

现代的航母分为正规航母和轻型航母，正规航母被称为“大型航母”，轻型航母比较难操作一般的飞机，所以搭载的大多是直升机或垂直/短距起降（V/STOL）机。

“辽宁”号航空母舰是中国人民解放军海军第一艘可以搭载固定翼飞机的航空母舰，中国海军001型航空母舰的首舰，是在前苏联海军的第三代航空母舰（当时苏/俄方称之为“重型航空巡洋舰”）库兹涅佐夫元帅级航空母舰第二艘，“瓦良格”号航空母舰的基础上发展而来的。

航空母舰的种类

二战时日本的航母划分尤为详细，以其当时海军航母划分标准举例说明：

标准航母“瑞鹤”号

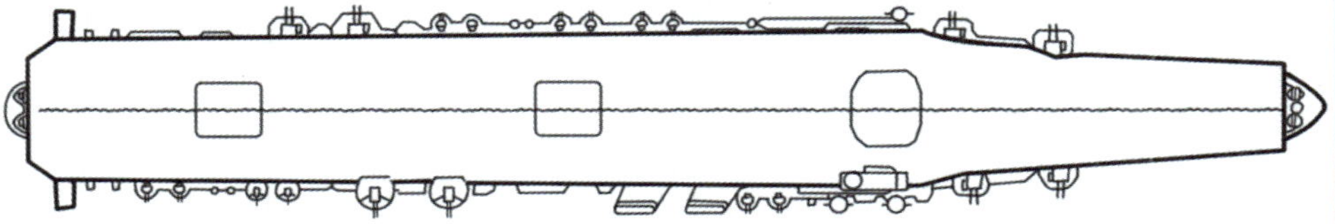

全长 257.5 米，标准排水量 25675 吨，舰载机总数最多 84 架。它是翔鹤级航空母舰的 2 号舰，一直与 1 号舰“翔鹤”号同时活动，属于日本海军的标准型航空母舰，从偷袭珍珠港开始，在太平洋战场上非常活跃

轻型航母“凤翔”号

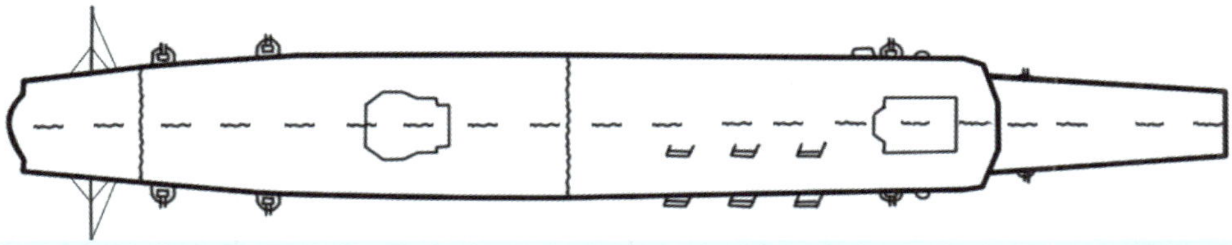

全长 179.5 米，标准排水量 7470 吨，舰载机总数 21 架。虽然也曾参加实战，不过因为设计过于老旧，所以无法搭载新型机种，因此被当作训练航母使用

护卫航母“大鹰”号

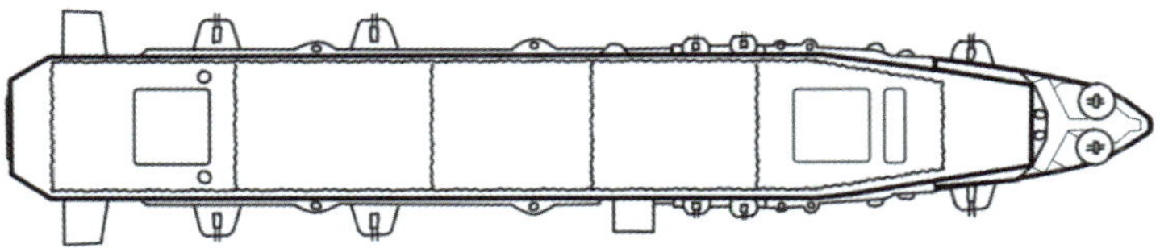

全长 180.24 米，标准排水量 17830 吨，舰载机总数为 27 架。是征用民船改造而来的舰艇，原名“春日丸”，后改为“大鹰”。主要用于反潜警戒与护卫

装甲航母“大凤”号

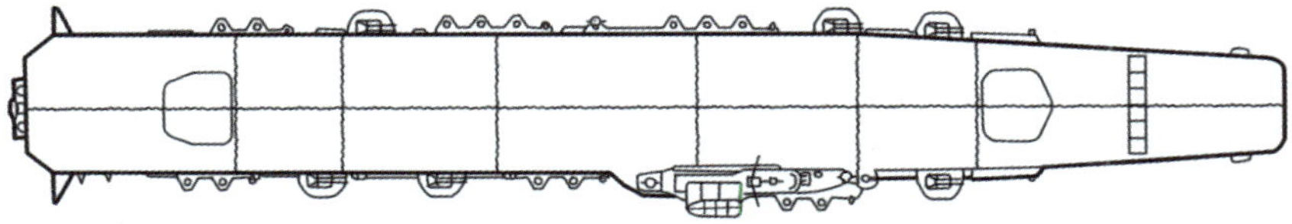

全长 260.6 米，标准排水量 29300 吨，舰载机总数 53 架。是加装了装甲的正规航母，采用了大量先进技术。不过其甲板加装装甲以后，虽然提升了防御力，但是也减少了能够搭载的舰载机数量

No.052 航空母舰是什么时候出现的

从飞机投入战场到航母形式的确立，经过了许多失败的试验才完成的。

从水上飞机母舰到航空母舰

美国首先在让飞机从舰艇上起飞着陆试验中取得成功。1910 年从轻型巡洋舰“伯明翰”号上成功起飞，于 1911 年在装甲巡洋舰“宾夕法尼亚”号上降落成功，可以说是航空母舰历史上的起点。虽然各国海军因为受到这样的影响，也都开始对舰载机的研发，但此时装有浮筒的水上飞机仍是主流。

第一次世界大战开始后，英国海军就有计划地把陆基战斗机摆到海上去运用。为了击落德国用以海上侦查的齐柏林飞艇，必须要有轻快的战斗机才行。1917 年，轻型巡洋舰“亚尔茅兹”号在滑行台上起飞的“幼犬”式战斗机成功击落敌机。

取得实战效果的英国，开始将战斗机配备在舰艇上，不过当时仍存在无法让战斗机降落于滑行台上的缺点。战斗机一旦起飞，就必须回到陆地基地或是迫降在水上，实战操作很困难。因此能搭载一定数量的战斗机、并可让其降落于舰艇上的飞机操作专用船应运而生了。

最先完成的是由轻型巡洋舰改造成的“狂怒”号，其外表看上去像是在一只船上面搭起板状平台，从舰桥前方起飞，烟囱后方着陆，且不管是起飞还是降落都很困难。

根据这个教训，为让飞机能够顺利起降，就必须要具备全面平坦的飞行甲板才行，1918 年，全通式甲板型的“百眼巨人”号（14450 吨）完工，这艘甲板上完全没有障碍物的“百眼巨人”号便是航空母舰的雏形。

1920 年由英国完成的“老鹰”号（21600 吨）因为在飞行甲板右边设有舰桥和烟囱，使其看上去像一座小岛，被称为“舰岛式”，“老鹰”号可说是之后大型航母的原型。航空母舰的历史，从“百眼巨人”号和“老鹰”号开始。

航空母舰诞生历程

飞机产生（1903 年）	莱特兄弟试验成功
	开始用于军事侦查，并强化了水上飞机的侦查能力
在舰艇上进行飞机起降实验（1910 年）	美国海军从舰上起飞成功，次年成功着舰
水上飞机航母	从飞机上起降仍然很困难
	英国“皇家方舟号”、日本“若宫号”、法国“雷霆”号。英国的“坎帕尼亚”号进化成有机库的舰艇
第一次世界大战	水上飞机无法打空战，所以向要让陆基飞机从舰上起飞
从滑行台起飞	虽然能够起飞离舰，却无法降落

英国的飞机运用舰“狂怒”号登场	舰上的建筑对飞机的降落形成障碍，降落很难
英国全通式甲板航母“百眼巨人”号登场（1918 年）	
英国舰岛型航母“老鹰”号（1920 年）	全面废除了舰上的建筑，能够令飞机成功起落，是航空母舰的原型
日本的“凤翔”号、英国的“竞技神”号航空母舰	标准航母开始

No.053 为什么航空母舰和其他军舰的形状不一样

由于航母的特殊情况，其外形与一般舰艇有一定差别。

飞行甲板与舰桥的特征

为了让舰载机顺利起降，航母的基本造型就有着细长平坦的甲板，到第二次世界大战为止，普遍采用直线式设计。甲板的表面会铺设木板、乳胶、混凝土等材料。

不过，直线式的飞行甲板不能同时让舰载机起落，因此要在舰艄把落舰用的飞行甲板设计成有一定倾斜角度，成为“斜向式甲板（Angled Deck）”，这是由英国制成的，1952 年美国“安提顿”号（27100 吨）开始改装配备，将之付诸实行。

之后，斜向式甲板就成为操作定翼机航空母舰的标准配备。另外，由于喷气式飞机的出现，飞行甲板的表面还要加装耐热铺面才行。

于 1980 年竣工的英国航母“无敌”号（16000 吨）则把设计在飞行甲板末端的向上倾斜式“滑雪跳板”付诸实行，它可以让起飞中的机体往上跃起，使离舰性能得以提升，这在未装设飞机弹射装置，操作 V/STIL 机的轻型航母上成为标准配备。

航母的舰桥，除日本的“赤城”号（26900 吨）、“飞龙”号（15900 吨）外，其他全部都装设在右舷上，这是在建造决定航母基本设计的英国航母“老鹰”号（21600 吨）时所验证出来的。若从舰载机的螺旋桨旋转方向来设计，万一着舰失败的话，向左舷方向逃脱比较有利，而且舰艇也是右侧与港口接触，所以舰桥配置于左舷在操船上比较容易。

在旧式设计的小型航母上，还有因为会妨碍起落舰所以没有设置舰桥的舰艇存在，较知名的有英国航母“百眼巨人”号，不过后来因为没有舰桥对航海与航空管制都十分不便，所以未能成为主流。

航空母舰的形状

斜向式甲板的作用

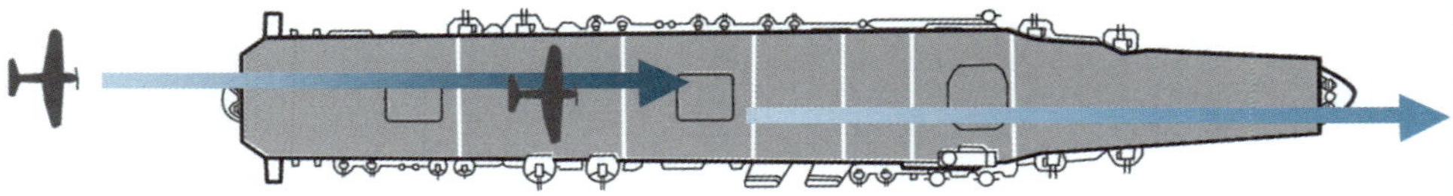

在直线飞行甲板上，由于起飞与着舰是在相同的轴线上进行，所以发生事故的危险性很高，而且实际上来说是无法同时进行起飞与着舰的

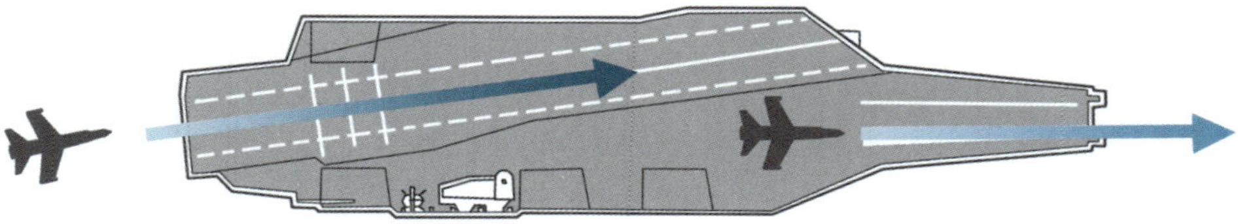

斜向甲板起飞与着舰在不同的轴线上进行，大大减少了事故发生的概率，还能同时进行起飞与着舰，飞机离舰的速度要比直线飞行甲板快很多

早期航母的尝试

日本航母“赤城”号
排水量 26900 吨 搭载飞机：60 架

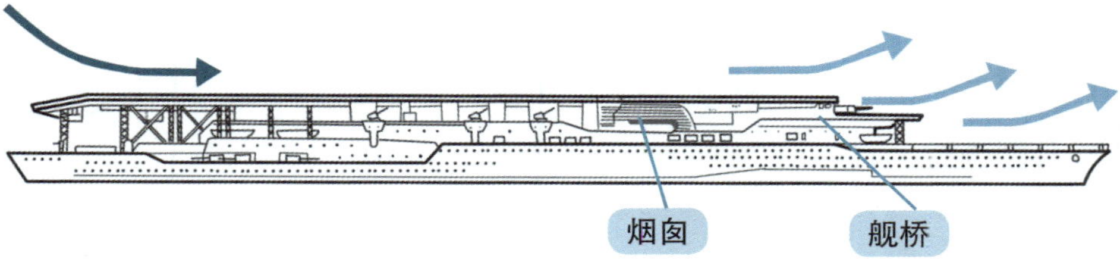

“赤城”号在 1927 年竣工的时候拥有三层飞行甲板，“加贺”号也是同样的设计。同期英国的勇敢级也有两层飞行甲板。这样的设计是想让飞机能够从各层甲板同时起飞着舰，不过随着舰载机日益大型化、高速化，必须要加大飞行甲板，因此，以后的航母都采用单层式甲板了

No.054 航空母舰最为独特的武器装备是什么

舰载机的操作是航母存在的理由，因此在起降机、烟囱等仪装上需要花费很多心血。

航母的升降机

将舰载机从机库搬运到飞行甲板上，会用到升降机。在第二次世界大战时期的航母，都会于飞行甲板的中心线上设置前后 2~3 座升降机，用以后方将要起飞的飞机升起，并接收前方降落后的飞机。

由于升降机会使船体的强度减弱，且在被破坏发生故障时，容易在飞行甲板上开出一个大洞，使飞机无法正常起落，因此现代航母常将升降机装设在舷侧（飞行甲板边缘）。这种方法首次出现在 1942 年竣工的美国“埃塞克斯”号（27100 吨）上部分采用，后来 1955 年竣工的美国“佛瑞斯塔”号（59060 吨）已全部采用。

航母的烟囱

从烟囱排出的烟不仅会掩蔽视野、扰乱气流，烟囱本身也会成为舰载机起落时的障碍物，所以烟囱该如何处理一直是一个被无数人讨论的问题。

举例来说，美国“突击者”号（14500 吨）的烟囱做成起倒式，在起落舰时可以向外侧倒下。日本“加贺”号（26900 吨）则是让烟从舰尾排出，不过由于烟囱所通向的船体内部容易产生高温，因此发生了事故。后来，日本将航母的烟囱配置在舷侧，虽然有所改善，但还是留下在船体倾斜时烟囱会进水的问题。

二战时期美英日等国的航母烟囱基本都配置在舰桥后方，或采用跟舰桥一体化的直立烟囱，这样虽然也有气流与排烟的问题，但为了考虑到防御问题，也不得不这样了。

等到出现了核动力航母以后，已经不需要烟囱了。

航空母舰最具特色的武器装备

升降机

中心线升降机

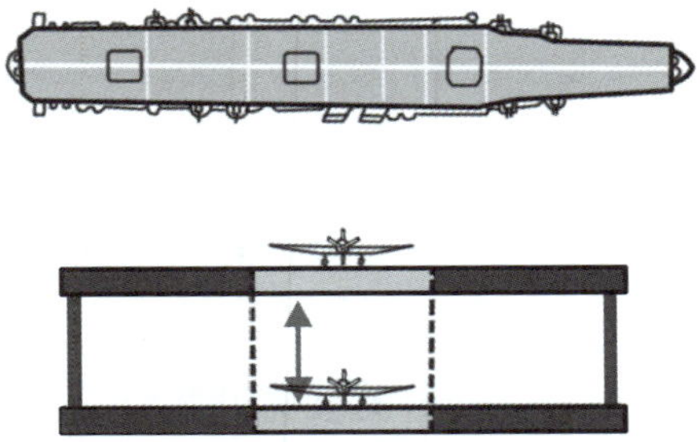

在飞行甲板中央上下生姜，虽然不至于对收纳飞机造成妨碍，不过若是升降机产生故障或是受损的话，就会影响到飞机起降

舷侧升降机

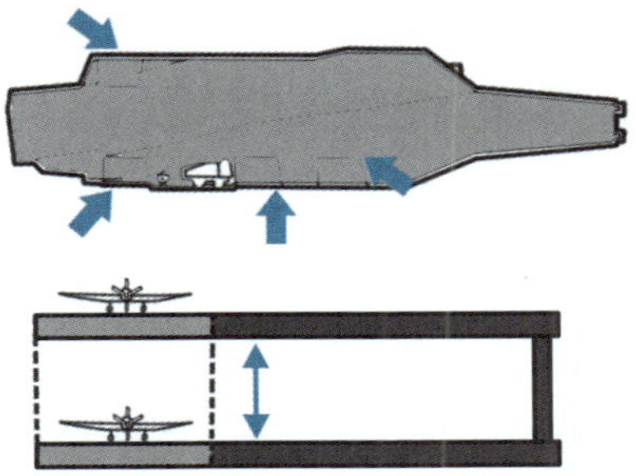

升降机装设在甲板的外侧，就算升降机受损或者发生故障，也不会影响到飞机的起降，另外，这样也可以供尺寸超出升降机大小的飞机使用。不过因为飞机只有一侧制成，因此比较脆弱

烟囱

起倒式

早期的航母多采用这种方式，构造复杂，效果却并不理想。

直立式

直立式是各国航母的主流，有的航母会采用倾斜的烟囱来减少排烟对飞行甲板的影响

舷侧式

从舷侧朝下方的设计，日本的航母经常使用，效果很好。弱点是在船体倾斜的时候，烟囱有可能会插到海中

No.055 舰载机有哪些种类

在航母上，不同的舰载机担负着不同的任务。

海军重担一肩挑

早期航母搭载的舰载机与传统战机基本相同，不过为了满足可以在有限空间内收纳、从飞行甲板上起落等要求，专门为舰载设计的飞机产生了。我们俗称的“海军机”，其实指的就是航母舰载机。

由于在被赋予艰难任务的同时，还要能在海风侵袭的恶劣环境下操作，所以舰载机的寿命通常不会太长。舰载机飞行员必须要具备极高的飞行技巧，毕竟在飞行甲板上起落比在平坦的陆地上起落要困难很多。

舰载机的种类主要是按照其任务类型来区分。

首先，战斗机是用来担负舰队防空与攻击护卫警戒任务的，从大战期间到现在为止，有时还具有反潜、对地攻击能力。

在第二次世界大战时期，还开发出为了击沉敌舰的特殊机种。俯冲轰炸机就是最好的代表，它是一种可以从敌人头顶进行攻击的机种。

鱼雷攻击机是可以搭载鱼雷或炸弹的机种，在大战末期之后整合成攻击机，现在则是采用精密制导炸弹或导弹进行攻击。

用以进行搜索的侦察机是不可或缺的，过去曾研发出专用的机体，在现在则有在战斗机上挂载侦查夹舱做成的战略侦察机，以及搭载强大雷达的早期预警机。伴随着攻击机队，可对敌方雷达进行干扰，是一种相当可靠的支援机种。另外，由于战后的潜艇在性能方面有所提升，出现了反潜机，有时这个任务也会交给直升机来担任。

至于其他方面，由于垂直/短场起降机只需要用很短的跑道，对于没有长飞行甲板的轻型航母或两栖攻击舰而言，常被当作战斗机使用。

舰载机的种类

舰载机的种类与代表机型

种类	任务	代表机型	图
战斗机	任务：空对空战斗	F-14（美） 冷战时期的主力战斗机，拥有高度的空对空战斗能力	
轰炸机	任务：以炸弹对船舰与地面目标进行攻击	99 式舰爆（日） 活跃与二战前期，是击沉盟军舰艇最多的轰炸机	
鱼类机	任务：以鱼雷、炸弹进行对舰或对地攻击	97 式舰攻（日） 活跃于二战前期，日本海军在太平洋战争初期的优势有它的功劳	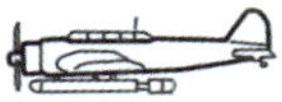
攻击机	整合轰炸机与鱼雷机的机种	A-19（美） 与二战之后配备，在朝鲜战争与越南战争上大显身手	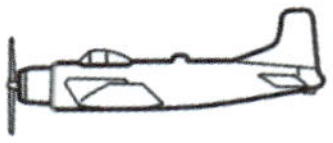
战斗攻击机	整合战斗机与攻击机的机种	F/A-18（美） 美军的 20 世纪末的主力战机	
电子战飞机	以电子战进行支援	EA-6（美） 由 A-6 攻击机修改而来，在美军服役长达 40 年	
侦察机	任务：侦查	二式舰侦（日） 由彗星舰爆改装而来的侦查专用飞机，在中途岛海战中首次亮相	
预警机	从侦察机发展而来，依靠雷达搜索敌人	E-2（美） 因顶部装有圆盘形雷达而闻名	
反潜机	任务：搜索、攻击敌潜艇	S-3（美） 被当成主力反潜机使用了 30 年以上	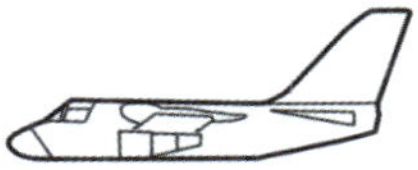
运输机	任务：运输物资	C-2（美） E-2C 的运输机型，供航母与陆地联络使用	

No.056 舰载机怎样在航空母舰上起降

由于现代的战斗机重量较重，在起飞时常需要有弹射装置将其射出，落舰时用钢缆使其停止。

起飞

在活塞螺旋桨机的时代，舰载机主要依靠自力来在飞行甲板上进行加速起飞，此时航母会迎风全速航行，以形成足够的逆风帮助舰载机起飞。

让这种方式产生巨大变化的，是在第二次世界大战时期登场的飞机弹射装置。装设在甲板上的弹射装置会拉着舰载机使其紧急加速，以取得起飞所需的速度，美军就是凭借这个装置，才有办法在低速的小型护卫航母上顺利操作舰载机。

战后，由于飞机的体重有所增加，要靠自力起飞离舰已经成为不可能，所以弹射装置就成了航母的必备装备。弹射装置也从最早的油压式改成蒸汽式，性能因此获得提升。

另外，垂直 / 短距起降机则是利用其特性，可以自力离舰起飞，但垂直起飞会消耗大量燃料，所以在非必要的情况下，还是会采用短距起飞的方式离舰。现代航母甲板会设计成往上翘的形状（滑雪甲板），因此获得向上的加速度，使起飞效率得以提高。

落舰

舰载机的落舰方式基本上未发生较大变化，在飞行甲板上设置有横向的钢缆（拦截索），要使用装在机体后端的着舰捕捉钩来勾住它。钢缆的构造是做成边拉会边产生制动效果，因此能快速降低飞机的速度，在短距离内停下来。

落舰需要拥有相当先进的技术，钢缆也会设有很多条，提高勾住飞机的可能性。另外，如果预计会落舰失败的话，就要升起拦截网来强制停止飞机。

舰载机的起降

依靠弹射器起飞

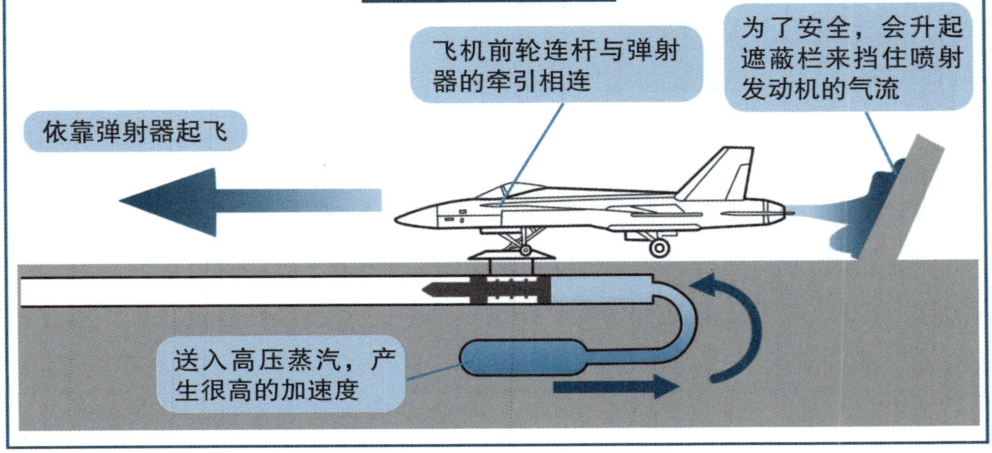

依靠钢缆落舰

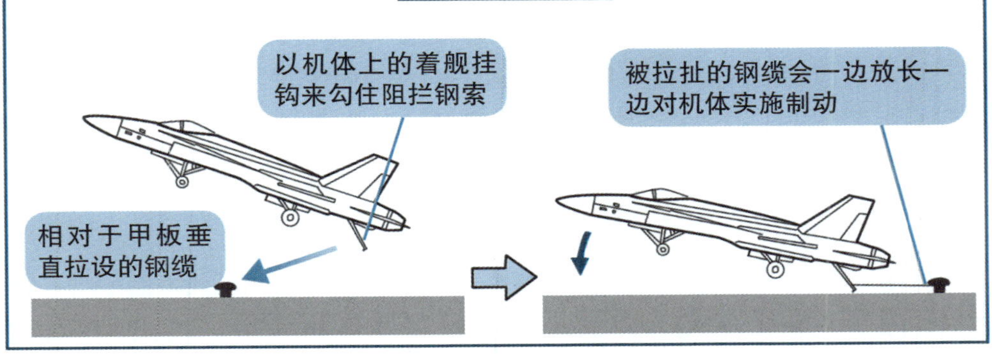

依靠滑雪跳板离舰

飞行甲板末端会做成向上倾斜（12° ~13° 是最佳角度），可以借此来缩短离舰距离

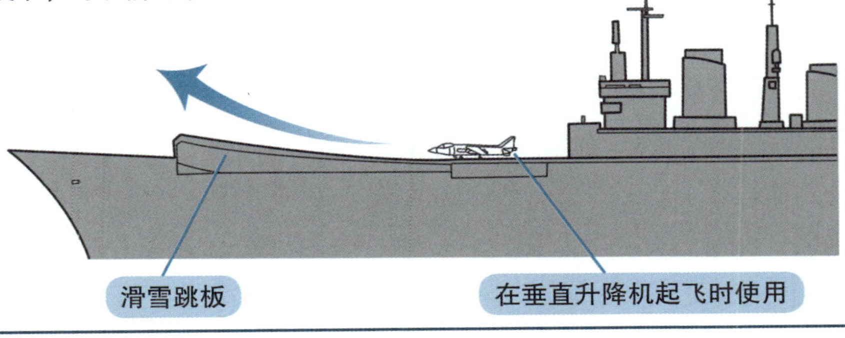

No.057 航空母舰的固定装备是什么

虽然航母的主要武器是舰载机，但为了防卫，航母还是会装设防空炮等武器。

1
2
3
4
5

航母的武器变迁

虽然航母因为被飞行甲板占去大部分的空间，使得搭载武器位置变得更小，不过既然要在前线活动，就不能没有自卫武器，因此航母搭载的武器大多只供自卫使用。除此之外的舰艇防空、反舰、反潜等任务，大多依靠舰队中的护卫舰艇。

早期航母因为舰载机的性能问题，要将反舰战斗考虑进去，因此有很多会搭载 200 毫米火炮，但到了第二次世界大战就改成会重视防空战斗的武装了。当时的防空武装是防空炮与防空机枪，防空炮为 80~155 毫米，防空机枪或机炮为 7~40 毫米，为了对付速度较快的飞机，都会设计成初速高、发射速度快、双联装以上的形式，炮座的旋转速度也很迅速。

不过，就算能瞄准，也很难将飞机打下来。因此弹药就会使用装有定时引信（能以定时方式在空中引爆的引信）的炮弹，不过以实际而言，效果顶多只能让敌机的攻击失去准头、将其赶走而已。到第二次世界大战后期，美军成功研发出装有近发引信（接近敌机时就会引爆的引信）的炮弹，近发引信的效果使得击坠率显著提升。

二战后，飞机进入喷气式时代，要靠防空炮或机枪来对付是几乎不可能的，因此便开始引进单舰防卫用的防空导弹。现在，还会装上反导弹用的单舰防卫 CIWS 或 RAM。

在战后的航母上，为了弥补航空部队能力的不足及强化舰队战力，有些还会搭载反舰导弹。比较有名的有俄罗斯的“库兹涅佐夫上将”号（55000 吨）、意大利“朱塞佩·加里波第”号（10000 吨，2003 年改装为止）等舰。

航母的固定武装

埃塞克斯级航空母舰（美）的武装配置（1945 年）

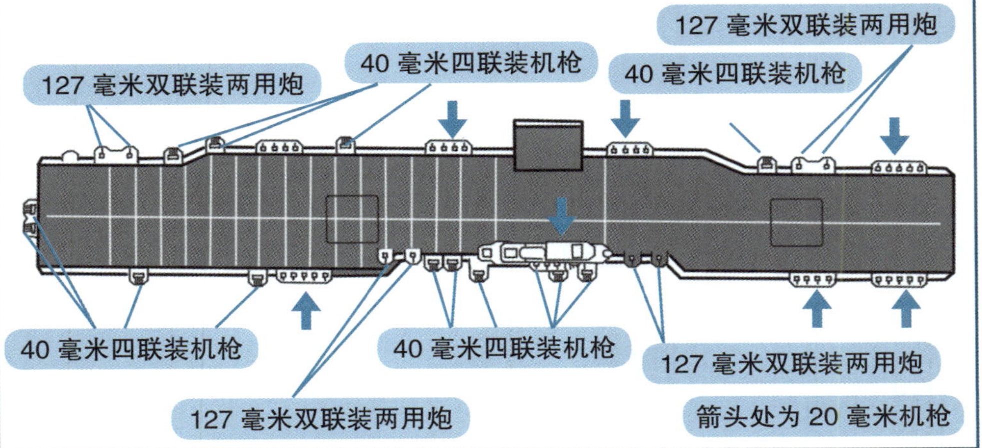

引信的差异

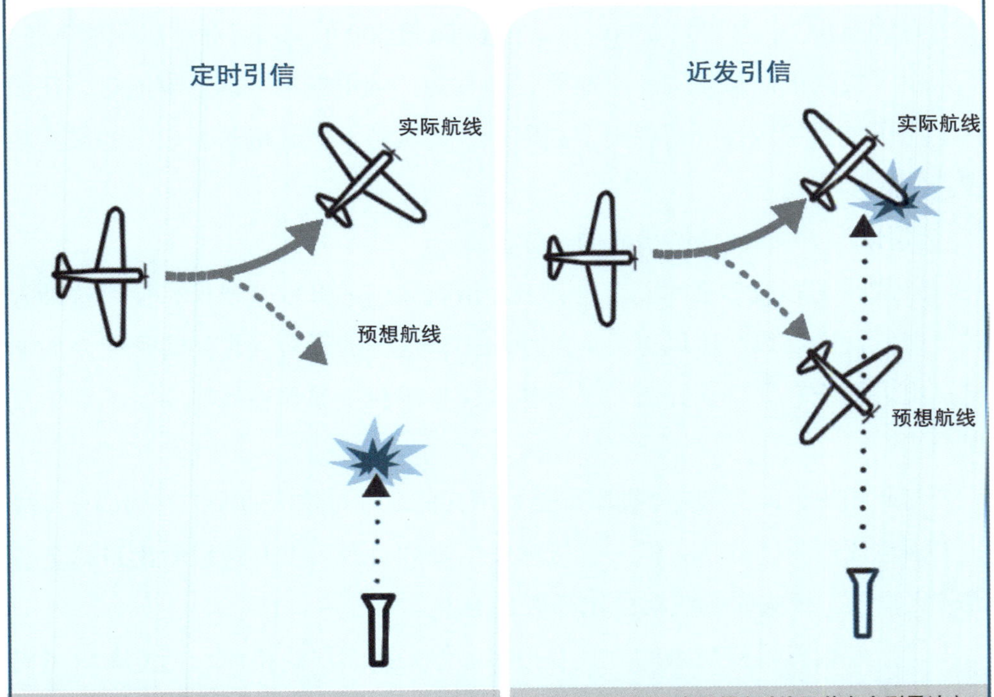

由于引爆时间是在射击之前就设定好的，所以如果敌机动作与预测不同的话，就会在完全不同的地方引爆，失去效果

在靠近敌机时才会引爆（引信里装有小型雷达），所以就算敌机没有按照预期飞行，也能够视情况应对

No.058 如何提高航空母舰的防御

航空母舰虽然是重要的战力，但其防御一直是个问题。

为了不致沉没所做的各种努力

航母有着大型长条状的平面飞行甲板，目标巨大，因此要如何进行有效的防御一直是设计者们绞尽脑汁的问题。

第二次世界大战中的标准航母，在机库的底面设置有强度钢板，虽然在中弹时飞行甲板容易出现孔洞，但却能减轻船体重量，稳定重心。当舰体大型化时，体积容易出现空余，可以搭载更多舰载机。

另一方面，英国航母则在飞行甲板上装上装甲，虽然会使船体重量变重、重心不稳，但是可以增强其防御能力。

英国航母“卓越”号（23000吨）在遭到6枚500千克炸弹命中后仍能生还，展现出了极高的防御能力。卓越级是被称为“装甲航母”的坚固航母，在设计上为了增强稳定性，所以把全高降低，使其留下舰载机数量较少的最大缺点。

其他的防御方式还有机库的选择。

二战时美军航母机库侧壁是只装上滑轨拉门的开放式机库，使用这种方式，即使发生爆炸，爆风也会向外冲出去，这样的话着火也能将烧起来的器材推出去就能轻易将火扑灭。不过像这样将舰载机暴露在海风中，不利于其保养。

与此相比，日、英航母机库则是封闭式的，对舰载机的保护相当周全（战后美国也改用封闭式），但一旦机库发生爆炸，爆风没有逸散的出口就会造成较大损伤，火灾时的应对也比开放式困难。

要让舰载机增强防御的方式有很多，像采用多层式机库、用链条将飞机挂在天花板上等，而美国财大气粗，常常会选择露天驻机。

提升航母防御的方法

把机库做成强度钢板

飞行甲板本身并没安装装甲，所以很容易就会被打开破洞，不过这样船体重心比较低，船体大型化建造比较容易

把飞行甲板做成强度钢板

机库甲板本身会装设装甲，防御力得到了很大提高

机库与防御

开放式机库与非装甲飞行甲板

封闭式机库与装甲飞行甲板

No.059 大型的航空母舰有哪些特殊技能

大型航母是现代美国海军的主要兵力，同时也使用以支撑外交的武力，对国家战略而言有极其重要的意义。

大国的“移动要塞”

在现代，已经没有哪个国家能像美国那样拥有如此多的大型航母，在全世界海洋上共有 10 艘尼米兹级核动力航母部署于各地。

尼米兹级上的主力战机一共配备有 4 个战斗攻击中队，具体来说有 F/A/-18 战斗攻击机 60 架、E-2C 早期预警机 4~5 架、EA-6B 电战机 4~5 架、S-3 反潜机 5 架、SH-60 直升机 6~12 架（各舰略有差异）。

如果在战线上投入数艘尼米兹级航母的话，除了为数不多的几个大国，要以海空战力与之相抗十分困难。也就是说，只要是在有海洋的地方，美国就可以在选定的时间确保住任何区域的制空权，且进行航空攻击。另外，只要把搭载的飞机加以编组，就可以进行针对特定目标的小规模作战，相当具有弹性。

虽然航母是海军战力的核心，不过在冷战结束后，就几乎不会再发生为取得制海权而进行的海战。现在航母多被当成从海上对陆上投入战力的据点。

若想在战争中使用飞机，若没有取得周边国家的协助，就会变得很困难。譬如像要借用机场、取得领空的飞行许可等，都必须要经过外交手续。不过有了航母，就能部分无视这些恼人的问题，让飞机在实战中更加自由。

舰载战斗机、攻击机与战斗攻击机是航空母舰的主力，目前各国在航母上服役中的舰载机战斗机有美国的 F/A-18、法国的“阵风”M、英国“海猎鹰”II 式（意大利、泰国与西班牙也采用该机种）、印度的“海猎鹰”式、俄罗斯的苏 -25、苏 -33 和巴西的 A-4“天鹰”式。另外，我国的重型舰载战斗机歼 -15 已经完成测试并进行了首次驻舰飞行。

大型航母的特殊技能

美国核动力航母“杜鲁门”号(Harry S.Truman)

- 满载排水量：102000 吨
- 舰载机：80~105 架
- 速度：30 节以上
- 全长：332.0 米
- 最大宽度：76.8 米
- 武器：轻型 RIM-7M “海麻雀” 舰空导弹发射架 3 座

尼米兹级航母的 10 号舰 “布什” 号，2009 年服役，比同级首舰晚了 34 年

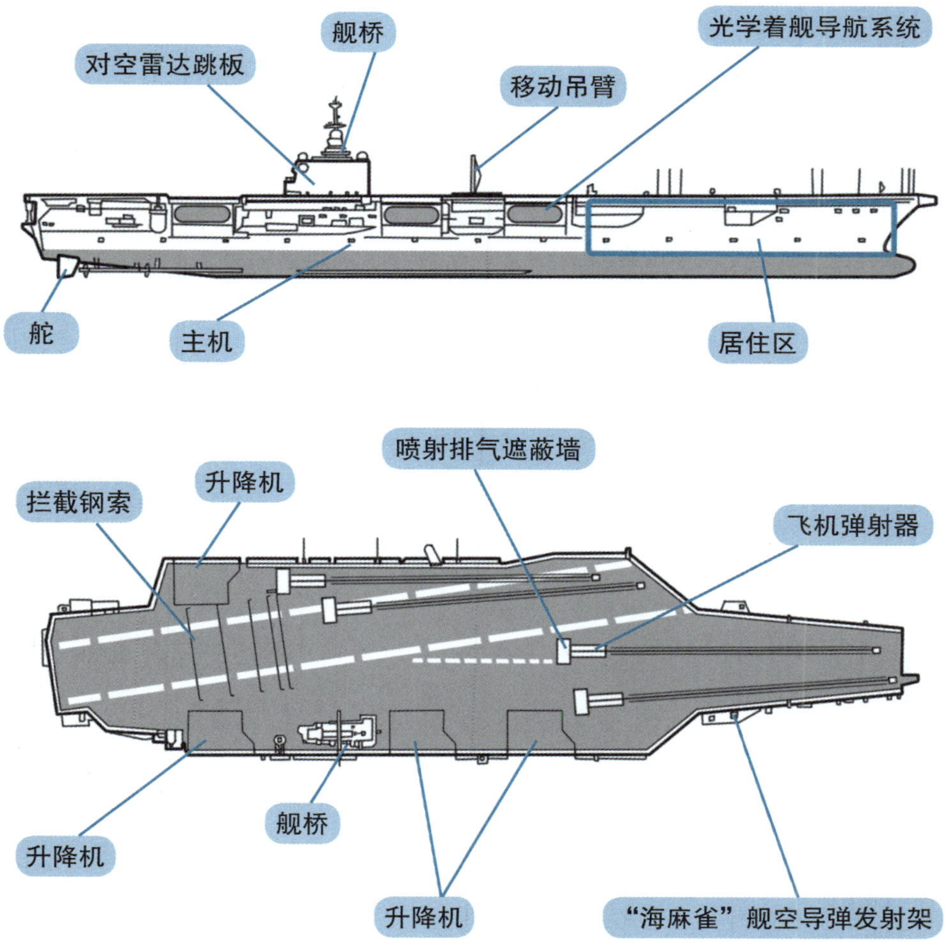

No.060 目前哪些国家拥有航空母舰

现在，除美国外，还有一些国家拥有象征意义的航母，或是使用操作垂直/短场起降机的轻型航母。

1
2
3
4
5

各国的航母

除美国以外尚在使用大型航母的国家，只有法国与俄罗斯各自拥有1艘，其他还有巴西拥有1艘中型航母。英国、意大利、西班牙、印度、泰国则有1或2艘轻型航母，可以搭载“海猎鹰”式垂直/短场起降机或直升机。值得一提的是中国的“辽宁号”航空母舰已经于2012年9月25日正式交付海军使用。

以战略上来说，要让航母能形成战力，必须要以3艘为一组运用才比较理想。在规划上是采用1艘执行任务、1艘正在移动、1艘进行整备这样的轮替方式。就算无法达到这样的目标，要维持可以作战的状态，至少也要有2艘才行。姑且不论北约各成员国，若是在有情况的时候维持北约海军机能，就算1国只有1艘，也能形成战力。

英国、意大利都维持着不只一艘的航母，法国还另有1艘正在建造中。印度正在朝拥有2艘航母迈进，目标是真正形成战斗力。另外，俄罗斯因为在苏联解体后陷入混乱，导致航母配备计划终止，之后仅留有1艘使用。

V/STOL 航母

由于轻型航母花费远不及大型航母，因此即使不是大国也能拥有。现在，轻型航母大多搭载垂直/短场起降机或直升机，但由于搭载数量与性能问题，只能把应对中小国家的舰队防空与支援地面部队当做主要任务考量，这样的实力跟靠单舰即能应对各式各样作战的大型航母相比，简直望尘莫及。

拥有航空母舰的国家

英国	轻航母“卓越”号（16000 吨）垂直/短距起降机、直升机 20 架 轻航母“皇家方舟”号（16000 吨）垂直/短距起降机、直升机 22 架 备用舰：轻航母“无敌”号（16000 吨）垂直/短距起降机、直升机 20 架
法国	“戴高乐”号（37085 吨） 阵风等各型飞机 40 架
俄罗斯	“库兹涅佐夫”号（46540 吨）苏 –33 等 55 架
意大利	轻航母“加里波第”号（10000 吨）垂直/短距起降机、直升机 16 架 轻航母“加富尔”号（27100 吨）垂直/短距起降机、直升机 20 架
巴西	“圣保罗”号（32780 吨）固定翼飞机 37 架，直升机 2 架
西班牙	“阿斯图里亚亲王”号（15912 吨）垂直/短距起降机、直升机 17 架
印度	“维克兰特”号（15700 吨）米格 –29 等 19 架
泰国	“查克里·纳吕贝特”号（7000 吨）垂直/短距起降机、直升机 12 架

轻型航母“加富尔”号

2007 年完工，意大利海军旗舰，另外它还能搭载 60 辆装甲车，可作为登陆舰使用

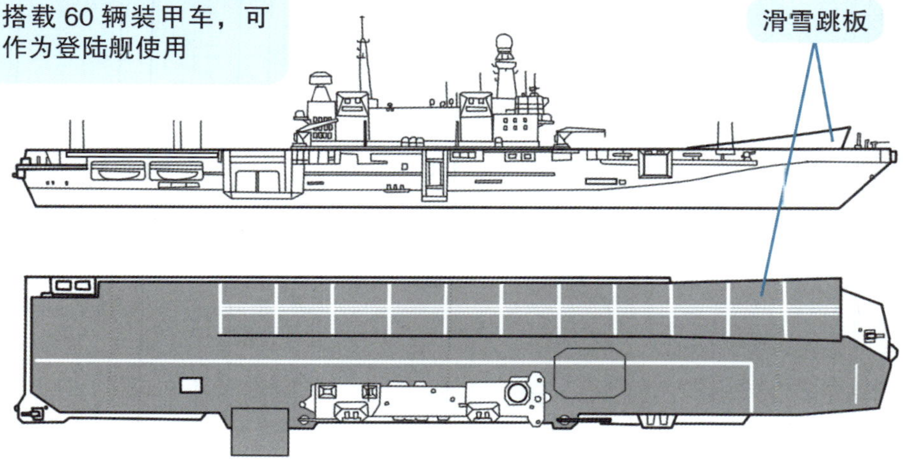

No.061 水上飞机母舰

水上飞机母舰是用来操作水上飞机（机体带有浮筒）的军舰，跟航母属于不同舰种。

被日本重用的水上飞机母舰

水上飞机母舰曾被称为航空母舰，因为它可以搭载水上飞机，但实际上它并不属于航母舰种。

早期的水上飞机母舰以起重臂将水上飞机吊挂在海面，然后让它在海上滑行起飞，回收的时候也靠吊臂把在舰艇附近海面降落的水上飞机吊回舰上。

进入二战后，航母发展已经相对完备，水上飞机母舰从第一线退了下来。之后普遍用于在港湾或泊地当中当做水上飞机移动基地使用，或是负责担任飞机的运输任务。

实际上，日本的水上飞机母舰与其他国家的不同，不仅会用来担任舰队决战用小型舰艇的母舰或高速运输船，在有突发状况时还可以改装成航母。

二战时的水上飞机母舰已经装备了飞机弹射装置，可以把水上飞机从舰上射出去（日本未能将油压式弹射装置付诸实用，但火药式弹射装置却已研发成功）。在回收时，先让飞机在附近海域降落，再用起重臂吊回舰上。

战后，舰载机的性能有了飞跃性提升，直升机开始投入使用，所以军用水上飞机被废除了，水上飞机母舰这中舰种随之消失，不过日本海上自卫队仍在继续使用。

二战时期水上飞机的使用与发展到达一个巅峰的状态，包括美国、英国、德国、日本与意大利都有各种军用水上飞机，这些飞机除了继续他们的前辈所担负的巡逻、护航、侦查、反潜、轰炸与射击标定之外，也担任对其他海上目标的鱼雷攻击，或者是对其他的水上飞机进行空战等等。

水上飞机母舰

从水上飞机母舰起飞

把飞机固定在台架上，并通过甲板的轨道来移动，将飞机移动到弹射器上（也有的直接通过吊臂将飞机吊至弹射器上）

使用弹射器加速起飞

回到水上飞机母舰

降落后滑行到水上飞机母舰附近海面，通过吊臂吊起

吊臂将飞机调回甲板回收

日本“日进”号水上飞机母舰

完工时间：1942 年
搭载飞机：12 架
排水量：11317 吨
速度：28 节
武器：双联装 140 毫米炮 ×3
　　　三联装 25 毫米炮 ×4

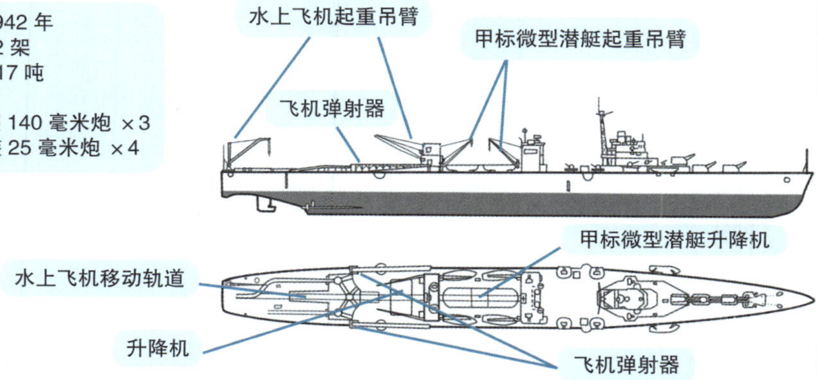

- 设计搭载机数 25 架，为搭载甲标改装以后能够搭载的飞机数量减少
- 甲标收纳在舰体内，从舰尾开口离舰
- 水上飞机通过甲板上的轨道移动，从发射器上起飞

No.062 二战中的奇葩航母

在英国曾进行过利用冰山制造出超巨大航母的研究，美国也曾以 1 个星期下水 1 艘的极高速度建造航母。

冰山航母与周刊航母

冰上航母计划不仅是在航母史上，也是造船史上最空前绝后的巨大船舰建造计划。这艘被命名为“哈巴谷”的航母排水量预计达到 200 万吨，全长 610 米。而同时期的超级战列舰日本“大和”约为 7 万吨，后来的核动力航母“尼米兹级”才 10 万吨左右。哈巴谷计划可说是难以想象的巨大，与其称之为军舰，不如说是超级巨舰，或是移动要塞。

冰山航母的构建材料是一种称为派克瑞特的物质，它是在冰块中里面混有 4~14% 木纤维浆，这种材料很难融化，甚至拥有相当于混凝土的强度。把派克瑞特排成区段状，然后用钢架做骨架将之包围积层起来构成船体。

它以蒸汽涡轮发电带动马达运转，以 7 节的速度航行。由于是艘巨大的船，所以也能操作需要较长跑道的陆用机。材料的浮力使其不会沉到海中，甚至在受到损伤时也能以海水和木浆自行修复，算是无敌的不沉航母。

哈巴谷计划原本是英国为了防治德国的 U 型潜艇想出来的对策，不过由于在雷达与刺猬炮等新武器的研制成功使得 U 型潜艇不再那么令人头疼，所以这一耗资巨大的计划在 1943 年 12 月宣告终止。

说起因建造速度过于异常而声名大噪的，要数美国的护卫航母卡撒布兰加级（7800 吨）了。这是以量产为前提设计的护卫航母，其首舰“卡撒布兰加”号花费了 9 个月的时间建造，到最后一艘“曼达”号的建造只花了 4 个月就完成了。

它的 50 艘同级舰都在民营的凯萨造船厂建造，而完成这些航母的时间却仅花费了 1 年，到后期，几乎每隔一周就有一艘进入服役，因此具有 “周刊航母”的绰号。

奇葩航母

超级航母“哈巴谷”号（英）

排水量 200 万吨，全长 610 米，预定搭载 1590 名乘员，200 架战斗机和 200 架轰炸机，舰体由一种称为派克瑞特的材质构成。

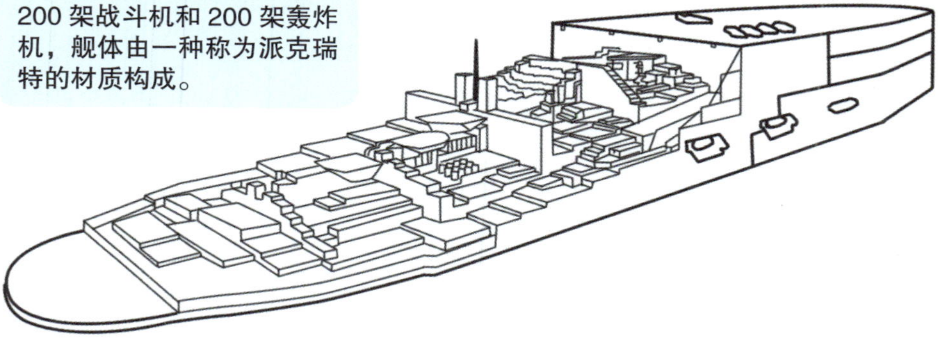

护卫航母卡萨布兰加级（美）

标准排水量 7800 吨，全长 156.13 米，舰载机 28 架。在一年时间内建成了 50 艘，这种压倒性的建造速度为盟军做出了巨大贡献

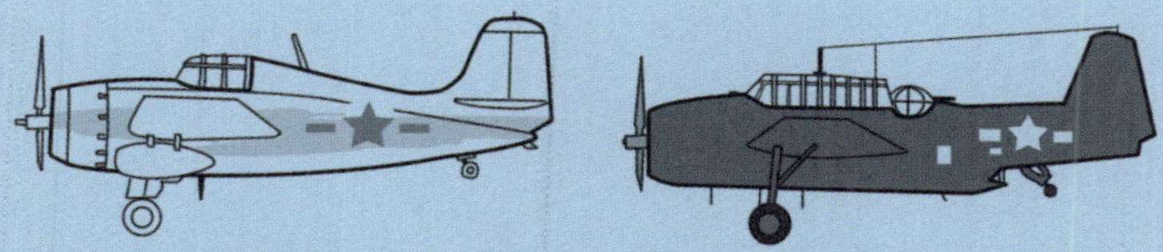

配备于航母上的 F4F 战斗机和 TBF/TBM 鱼雷机

No.063 基辅级巡洋舰是航母吗

苏联曾建造过一种被称为基辅级的船舰，其形状特殊，前半部是巡洋舰，后半部则接近航母。

虽为航母但非航母的舰艇

在直升机型航母莫斯科级之后登场的基辅级，曾被视为苏联最早的航母，其飞行甲板相当宽广，总计可搭载30架垂直起降机与反潜直升机，确实是拥有轻型航母的机能。但是在苏联的正式舰种名称中，它却被称为“重型反潜巡洋舰”，之后改名为“重型航空巡洋舰”。

虽为航母，却被当做巡洋舰的理由有以下两个。

第一是政治上的判断，当时的苏联海军对航母的保有与研究是极其保密的。第二则是国际条约的限制，作为黑海出口的博斯普鲁斯、达达尼尔海峡是禁止航母通行的。由于4艘基辅级全部都是在黑海沿岸建造，所以要出到外海的话，一定要通过这两个海峡。正因为如此，当它采用重型航空巡洋舰这种政治上的回避称呼时曾一度遭到指责，但实际上基辅级原本就不是以航母为目的建造的。

其舰首部位集中装设舰对舰与舰对空导弹发射器，拥有可与导弹巡洋舰并驾齐驱的装备，特别是反舰导弹，有着高达500千米的射程。这些武器破坏力比舰载机要大，从这点看，此型舰艇应该可以归属于导弹战斗舰艇。

不过最后因为它不论是作为航母还是巡洋舰舰都只具有打折的性能，无法充分发挥，如今大部分都已经退役了，只留下4号舰“高希科夫海军上将”号正在被改造成航母，装备交付印度海军，印度海军将其称为“维克拉姆蒂亚”号航空母舰。

基辅级巡洋舰

基辅级重型航空巡洋舰

标准排水量：36000 吨
全长：273.1 米 速度：32 节
武器：SSM×8、SAM×4、76 毫米双联装炮 ×4、CIWS 300 毫米炮 ×8、五联装鱼雷发射管 ×2
舰载机：YaK-38 垂直起降攻击机 12 架、Ka-25 反潜直升机 22 架

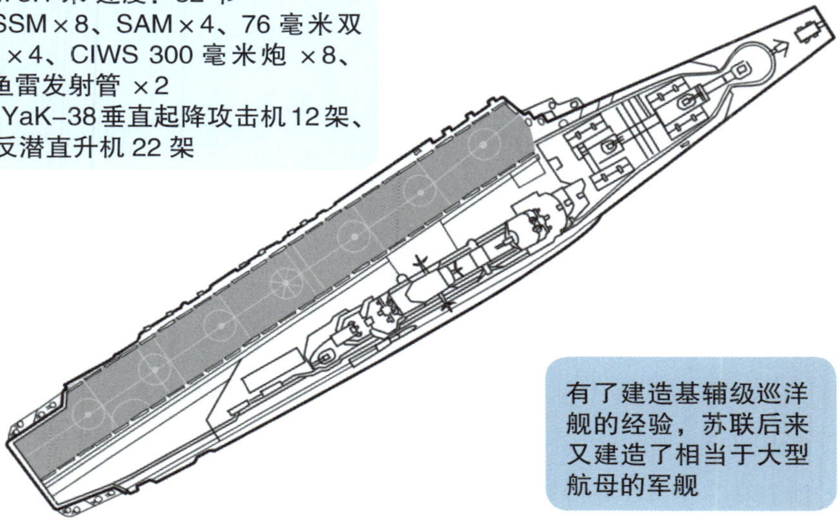

有了建造基辅级巡洋舰的经验，苏联后来又建造了相当于大型航母的军舰

卡-25“激素”（Hormone）反潜直升机

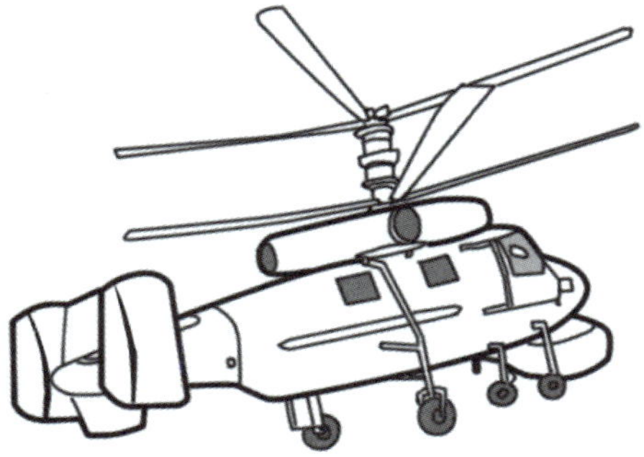

拥有同轴反转式旋翼的反潜攻击直升机，除了用作反潜作战，还能为基辅级巡洋舰的远程反潜导弹进行中途引导

雅克-38“铁匠”（Forger）垂直起降攻击机

为了与“海猎鹰”垂直起降机对抗而研发的飞机，虽为双发飞机，但是性能却并不好。其任务设定是攻击前来的敌方反潜机

1
2
3
4
5

No.064 未来的航空母舰会是什么样

对于在尼米兹级航母登场后就没有太大变化的航母而言，进入21世纪后即将会有很大的转变。

未来航母与舰载机

美国正在建造的核动力航母杰拉尔德·R·福特级（101600吨）在设计时就考虑到匿踪性能，还将蒸汽式弹射装置更新成电磁式弹射，这种弹射装置除了可以依据弹射机体的重量来做细微加速度调整外，在维护、效率上的性能也都有所提升，而且更为轻量。

就将来而言，据说可能利用核反应炉的大出力搭载激光武器。

关于舰载机，预计会更新为隐形机型。由数个国家共同研制中的F-35“闪电”Ⅱ战斗机已经开始在美国海军中试飞，它分为供美国空军用的A型、继承“海猎鹰”供美国陆战队与英国海空军用的B型垂直/短距起降机、诸元能满足作为美国海军战斗攻击舰载机用的C型，及用以当做现用主力机种F/A-18的后继机。

两栖攻击舰与轻型航母在换装了B型之后，战力将得到飞跃。像这种拥有垂直/短距起降能力的飞机，在1960年首飞并不断改良，续服现役很长一段时间的“海猎鹰”登场后，就一直没有再出现新型设计了。

其他的新型机计划还有依靠自律式无人飞机执行任务的无人战斗攻击机X-47B。X-47B可以连续飞行50~100小时，除用在侦查与精密轰炸外，也可以挂载对空导弹。另外据说它还能以激光与高功率微波破坏导弹或通信设施。对很多国家而言，士兵军官的战死是个很大的问题，而无人机便因此被当做是最后的王牌。

未来航母

杰拉尔德·R·福特级核动力航母

2009 年动工，预计 2016 年服役
排水量：满载 100000 吨以上
全长：332.8 米
全宽：78 米
速度：39 节以上
舰载机：75 架

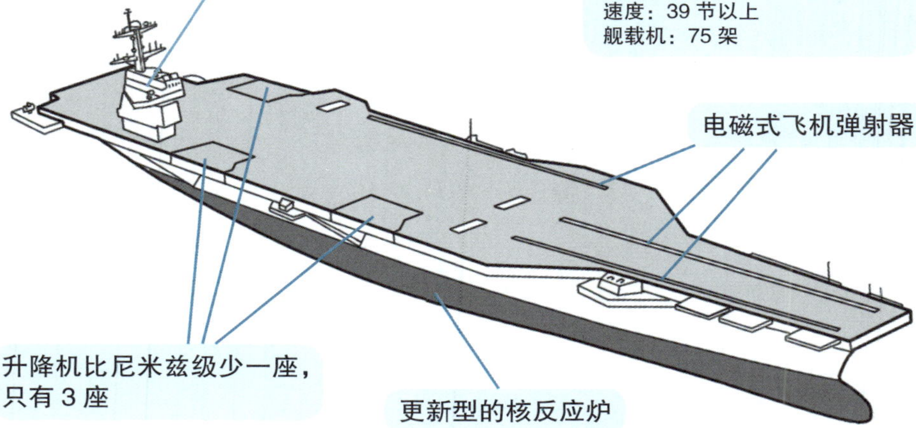

F-35C“闪电”II

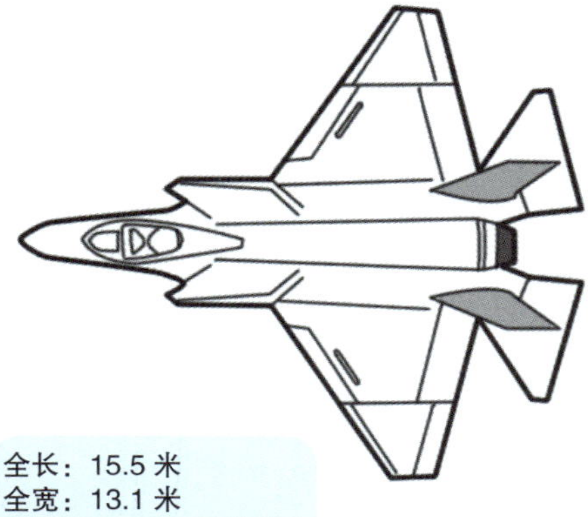

全长：15.5 米
全宽：13.1 米
最高速度：1.5 马赫以上

F-35C 型是现役的 F/A-18 的后继机种，STOVL 的 B 型则是“海猎鹰”的后继机，预定用在美国海军陆战队的两栖突击舰与英国海军轻型航母上

X-47B 无人机

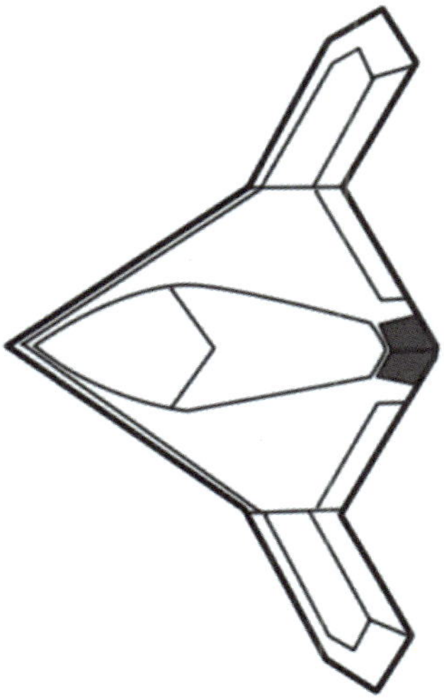

2011 年完成首飞，能够连续飞行 50~100 小时，可以用在高风险的作战当中，避免飞行员死伤

专题：航空母舰退役后的最后归宿

军舰一旦丧失了战斗作用，基本上都会被送去解体，航空母舰也不例外。虽然大多数航空母舰在退役后都会被拆卸解体，不过也有一些航母得到了好的归宿。

把自家退役的军舰转手卖给其他国家的例子并不少见，尤其是对航母而言，中小国家想要拥有航母却没有相应的技术和经验，而且也没有足够的建造费用，因此只能选择购买二手货。

以前苏联为例，其6艘航母除了“库兹涅佐夫”号航空母舰目前仍服役于俄罗斯北方舰队外，其余的都被解体或者专卖。库兹涅佐夫级的“瓦良格”号在苏联解体后由我国从乌克兰购得，现已改造成为“辽宁”号航空母舰。

其基辅级的航母除了卖给印度意外，还有一艘几经易手来到中国，于深圳被改建成军事主题公园，即明斯克航母世界。

财大气粗的美国曾经大量建造航母，不过除了数艘独立级航母卖给了法国和西班牙意外，其余大多数被解体或者作为舰靶被击沉，也有少部分编入了预备役部队。比较特别的有“中途岛”号、“无畏”号等一些具有纪念意义的航母被直接当作博物馆保留了下来。

第四章

潜　　艇

No.065 什么是潜艇

19 世纪末潜艇登上历史舞台，并随着战争的不断变化，在战场上担任水面舰艇所无法胜任的战略性角色。

沉默的舰队

虽然从古时起，就有人开始研究可以潜水的军舰，但由于技术原因并未成功。现代潜艇的始祖是由名为荷兰（Holland）的爱尔兰人于 1878 年在美国制造的一艘“荷兰 1 号”（水下排水量 124 吨）。它是利用压缩空气调整压舱柜里的水，用以进行下沉与上浮，之后所有的潜艇都采用这种方式。推进装置使用的就是电动马达，马达则是以蓄电池带动，然后还装有用来为蓄电池充电，以及在水面航行时会用到的汽油发动机。武装有使用压缩空气来击发炮弹的空气炮 2 门、鱼雷发射管 2 具，可搭载 2 枚鱼雷。

随后各国的海军都争相订购荷兰的潜艇，为后来的潜艇技术进步打下基础。

在第一次与第二次世界大战期间，潜艇不论在钢材、光学、电气推进、鱼雷等各方面的技术革新都有获得较大的提升，不管是在战略上还是战术上，都成为一个相当大的威胁。

特别是德国，他们对于潜艇的配备耗费相当多的心思，并建造了 U 型潜艇，在对大西洋的通商航线攻击中取得了丰硕的战果。

盟军则编组出反潜作战，并使用雷达等新式武器加以对付，在大战后期，飞机与反潜舰艇已经可以压制住 U 艇。而在太平洋战场上，美国同样采取了潜艇来切断通商航路，让日本的商船队几乎因此毁灭。除商船外，就连日本的主力舰都因受到潜艇袭击而被击毁。

战后，因为核动力潜艇的登场，使得水中速度与潜航时间这些以往的缺点都获得了有效改善，之后还有出现搭载弹道导弹的战略核潜艇，成为超级大国的核战略轴心。一般的潜艇也有搭载像燃料电池等新型装置，可以利用其静音性能在近海大显身手。

不同时期的潜艇

早期的潜艇

美国的包斯尼尔（Bushnell）于 1776 年制造出的原始潜艇“乌龟”号，在美国独立战争时曾攻击过英国的军舰

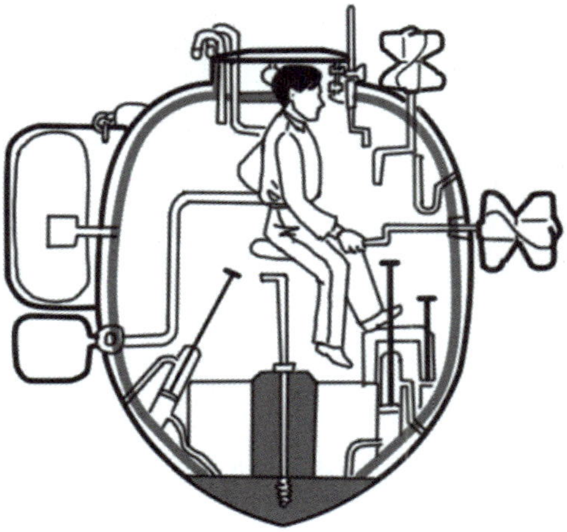

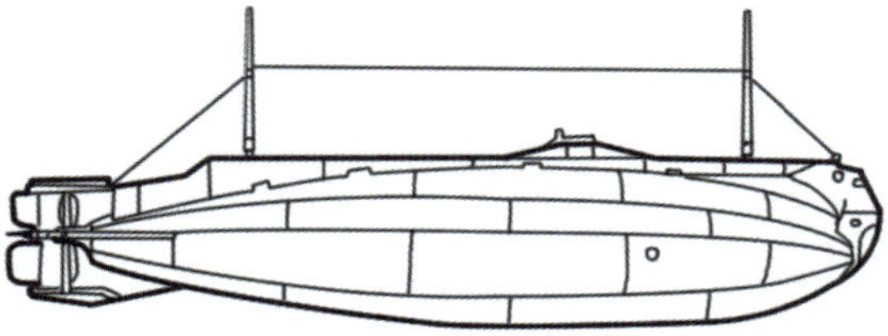

“荷兰 1 号”，全长 19.5 米，水下排水量 124 吨，水下速度 5 节，搭载有 455 毫米鱼雷

第二次世界大战时的潜艇

德国的 U 型潜艇 VIIC 型，全长 67.1 米，水下排水量 815 吨，水下速度 7.6 节，装有 533 毫米鱼雷发射管 5 具

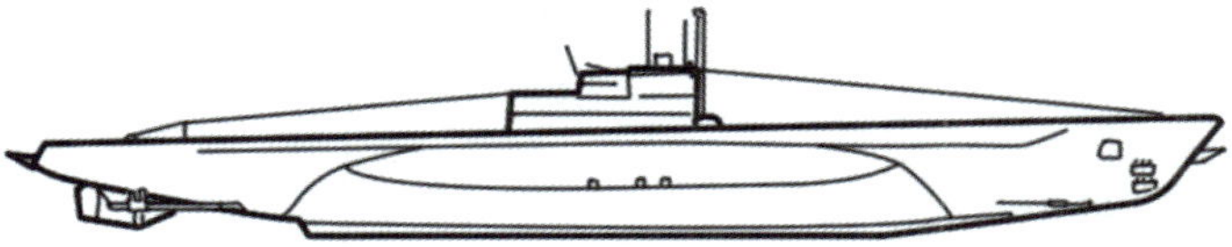

现代的潜艇

美国的洛杉矶级核潜艇，全长 109.73 米，水下排水量 7147 吨，水下速度 30 节，装有 533 毫米鱼雷发射管 4 具以及反舰导弹

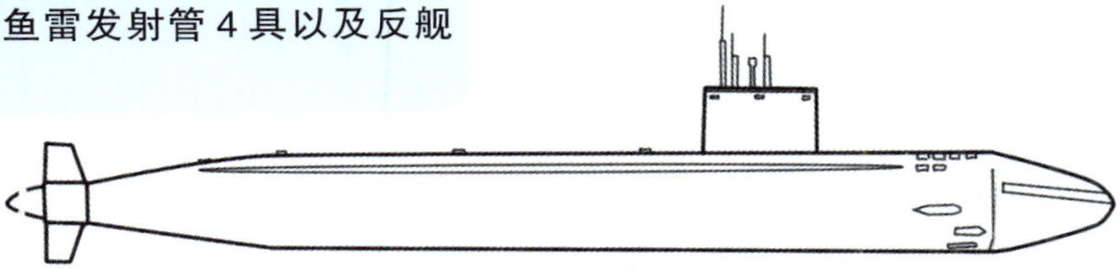

No.066 潜艇有哪几类

潜艇可以依据大小、动力、任务来进行分类。

潜艇的分类

以鱼类或反舰导弹作为主要武器，用以攻击敌方潜艇、水面舰艇的是“攻击型潜艇”。搭载弹道导弹，为核战争准备的是“战略型潜艇”。除这些主要类别外，还有一种重视反舰导弹的“导弹型潜艇”（巡航导弹潜艇），是从攻击型潜艇衍生出的。几乎所有的潜艇都会被用在这些任务上，除此之外，也有让特种部队搭载以支援作战的“指挥型潜艇”、执行近岸防卫与特种任务的“迷你潜艇”。

以动力进行分类，可分为柴电等常规动力潜艇与核动力潜艇，常规动力型潜艇因其特性一般会担任攻击型潜艇的任务。

潜艇从登场开始一直到二战结束，基本上都属于攻击型潜艇（以水面舰艇为目标），但在大战中，制海权被盟军所掌握的日本和德国曾造出用来给其他潜艇补充燃料等的“重油补给潜艇”、补给鱼雷的“鱼雷补给潜艇”、运送物资的“运输潜艇”等为了逃避敌方视线监视的特型潜艇。

其他虽然还有建造出专门布雷的“布雷潜艇”，不过后来因为可以从鱼雷发射管布设的机雷的发明，所以被废除了。

从大战末期一直到战后，盟军还有建造出可以跑到舰队前方，用以对敌方进行早期预警的“雷达警戒潜艇”。

依据大小分类，大型的有“远洋潜艇”，稍微小一点的是“近海潜艇”，更小的是“迷你潜艇”。

潜艇的种类

依据用途分类

攻击型潜艇（SS、SSK）	以鱼雷作为主要武器攻击敌方船舰 例：洛杉矶级（美）
导弹潜艇（SSG）	以反舰导弹作为主要武器攻击敌方船舰 例：奥斯卡级（俄）
战略型潜艇（SSB）	搭载远程弹道导弹，用于远洋作战 例：俄亥俄级（俄）
警戒潜水艇（SSR）	搭载雷达，用于搜索敌方舰船 例：洛克鱼号（美）
近海潜艇（SSC）	水下排水量在 500 吨以下，主要用于近海防御
微型潜艇（SSM）	水下排水量在 150 吨以下的小型潜艇，用来执行特种任务
辅助潜艇（SSA）	为进行实验、训练、标靶以外的非战斗用途潜艇
指挥潜艇	能够收纳特种部队与特种装备的潜艇

依靠推进装置分类

常规动力潜艇	使用以柴油和电动马达的潜艇
核动力潜艇	使用核反应炉的潜艇，核动力潜艇在舰种几号的后面会加上字母 N（Nuclear）表示 例：SSBN

依据远洋航行能力分类

远洋潜艇	用于太平洋等大洋中作战的潜艇
近海潜艇	主要在近海沿岸活动的潜艇
微型潜艇	只有特定能力的小型潜艇

No.067 潜艇的结构是怎样的

潜艇依靠让海水进出压舱柜的方式调整舰体浮力。

从“可下潜”到“一直下潜”

很多潜艇的船体都是内壳与外壳双层构造，这种型式的设计就称为“双壳体式”（只有一层耐压船壳的则称为“单壳体式”）。在内壳与外壳之间设有“压载水舱”，将这个水舱装满水就可以下潜，使用压缩空气把水排出去就能上浮，由于内壳是做成耐压构造，所以被称为“耐压壳”。

为了控制潜艇在水中的姿势，会在前方的左右侧装有“潜舵”，后方的左右两边则设置有“横舵”。另外还会用到“调节水舱”，可以靠着改变前后浮力平衡的方式来进行姿势操控。

关于潜舵，因为后来发现把它装在接近舰体中央的位置，对于操舰性来说会比较好，所以有一段时期就会把它设置在帆罩（潜艇的舰桥构造物）上。不过因为海面有时会出现一些像是冰块之类的障碍物，所以现在就把它改回前面去。虽然在帆罩上设置有舰桥，不过这只有上浮时才会使用，在潜航时里面是没有人的。

随着二战时研发出的呼吸管，以及战后研发出的核动力装置登场，潜艇就变得可以一直潜在水下了。以前的设计会比较偏向让它易于在水面上航行，不过当“可潜舰”进化成“可以一直下潜的舰艇”后，船体形状就改为采用比较合适水下航行的流线型，而变成泪滴型、雪茄型、鲸鱼型等设计。

现代的潜艇在舰首或舷侧会装有声呐，还有些舰艇会在舰尾装设收纳拖曳声呐用的夹舱。

非核动力舰的内部没有多余的空间，大部分容积都会被柴油装置、电动马达、蓄电池、以及作为主要武装的鱼雷发射管与鱼雷库占据，因此舰员的居住舱只剩下极小的空间。鱼雷和生活物资等，要从位于甲板上的小舱门才能运至舰内。

潜艇的构造

双壳体式潜艇的动作

在内壳与外壳之间设有压舱柜，内壳内部装有压缩空气的蓄气器。舱内布有让空气与海水流动的管路，重要地方设置有阀门

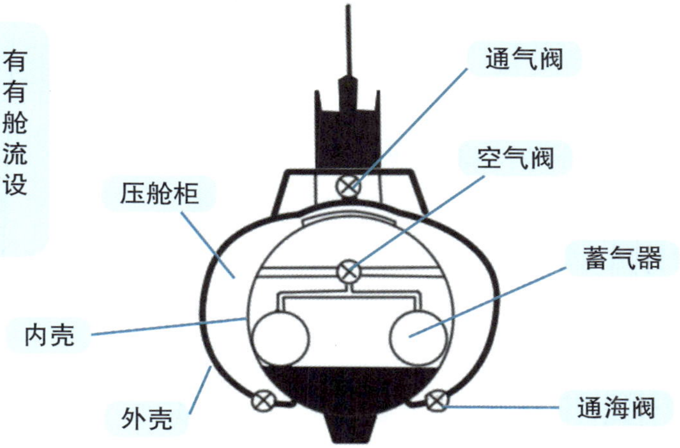

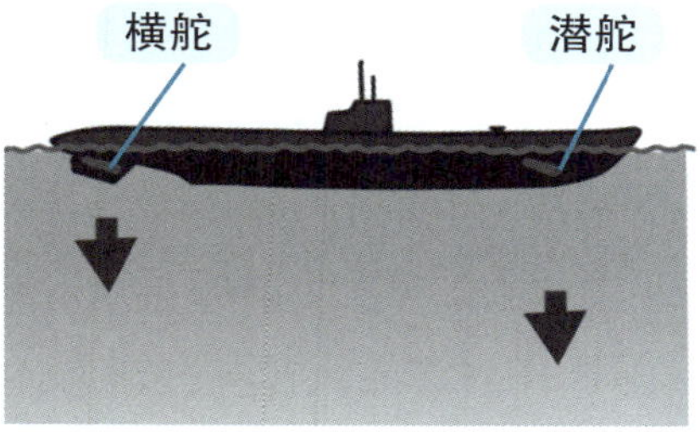

开始下潜

下潜的时候要把通气阀与通海阀都打开，让压舱柜注满海水，依靠横舵与潜舵控制舰体下潜动作

潜航时

压舱柜内充满海水，靠着横舵与潜舵来维持舰体方位

上浮时

把通气阀关闭并打开空气阀，将蓄气器内的压缩空气注入压舱柜，令海水从通海阀排除，操纵横舵与潜舵来上浮

No.068 潜艇在战场扮演怎样的角色

潜艇担任的角色从战术等级到战略等级都有，不论在哪种等级都要重视其隐秘性与机动性。

潜藏在深海的可能性

两次世界大战期间，潜艇的角色大致分为3类。以战术来说，是要使用鱼雷或火炮攻击水面舰艇，就作战而言则是负责海域的警戒任务或是进行港湾封锁，在战略上来讲是破坏通商航线，对敌方的经济与交通造成打击。另外还有一种是负责布放水雷，担任妨碍舰船航行的角色。

美国、德国是把潜艇投入通商破坏作战，日本则是把它用来逐次削弱敌舰，而前者才是正确答案，对于数量处于劣势的日本而言，根本就没办法削弱敌人的战力。

战后的潜艇变的更为强大，甚至导致水面舰艇必须时刻对潜艇进行警戒才行。现代潜艇中可装载数十枚反舰导弹的，水面舰艇稍有大意就会被击沉。比起战力本身，潜艇的这种“可能性攻击”才是其最大的威胁所在。

现代潜艇在发生战争的时候也可以像二战时那样分头去执行各种任务，而平时则是用来发挥抑制力与防御力的功能。作为海军战力的一环，潜艇与飞机或航母最大的不同，就是在于它在展开部署的时候并不会事前引起敌人的警觉。

战略核潜艇在战争抑制力方面，扮演了重要的角色，它可以随时攻击敌方的首都或司令部，所在地点被视为最高机密。

至于核潜艇所无法担任的防御任务，则交给装有柴油主机的攻击型潜艇，因为它是靠蓄电池来航行，所以静音性非常好，在浅海区只要把主机关闭就会难以探测，因此可以将其配备在本国近海，用以防御侵袭的敌人。

潜艇在战场扮演的角色

区域冲突
制止地方在海上部署兵力
近海防御
迎击地方登陆舰队
海峡封锁
以巡航导弹进行精准攻击，与特种部队配合共同作战
远洋作战
攻击敌方船舰，布设水雷
战略性兵器
切断商路航路，通过弹道导弹抑制敌方

No.069 什么是小型潜艇

小型潜艇不仅可以侵入敌人势力范围内对船舰展开攻击，还能执行其他特殊任务。

各国都有使用、且能造成较大损害

小型潜艇（迷你潜艇）是一种可以在狭窄水路或浅海区域行动的便利军舰，可以携带鱼雷，攻击停泊在港湾中的敌性船舶（除军舰外包括商船等），也能担负运输间谍或特工人员的任务。

二战时有日本的“蛟龙”、“海龙”，英国有X艇，德国有“海狸”。它们基本都具有鱼雷发射管，通常会将鱼雷挂在艇外，X艇本身没有固定武装。

小型潜艇各自都有留下实战记录。在偷袭珍珠港行动中，日本有5艘“甲标”从“伊”号潜艇出发前往参与作战，最后全部被击沉或沉没，并未创下战绩。X艇于挪威在德国战列舰“铁必制”号船体装设炸药，并成功使其陷入无法战斗状态，但参战的全部6艘X艇全部损毁。“海狸”出击至法国与荷兰的近岸与河川当中，用以攻击盟军的补给线与被夺去的桥梁，不过也未能收获相应战果。

小型潜艇的操控相当困难，不仅可能在到达目的地前就沉没在海中，还常常会被张开布放在港湾的鱼雷防御网阻拦，目前还拥有这类潜艇的国家屈指可数。

意大利是最先发展小型潜艇的国家。一战后，意大利发展了名为“凯旋车”小型潜艇，艇长6.7米，排水量1.5吨，双人操纵，头部是一个可装卸的雷头，内装炸药272千克。1941年12月18日，意大利的一艘大型潜艇携带3艘“凯旋车”小型潜艇，在夜幕掩护下悄悄地来到了亚历山大港附近，卸下了小型潜艇。3艘“凯旋车”小型潜艇潜入了港内，分别把雷头固定在3艘英国军舰的底部。“勇敢”号战列舰等3艘英国军舰被意大利的小型潜艇所击沉。意大利小型潜艇的袭击改变了地中海地区的军事形势，创造了海战史奇迹。

小型潜艇

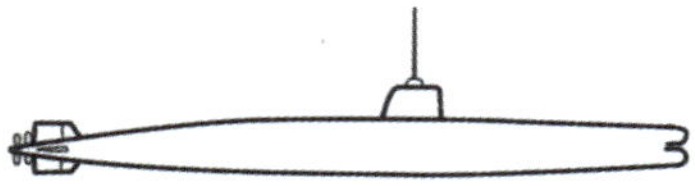

日本的“甲标”小型潜艇，全长 23.9 米，水下排水量 45.3 吨，乘员 2 名，450 毫米鱼雷 ×2，在偷袭珍珠港等战役中使用过

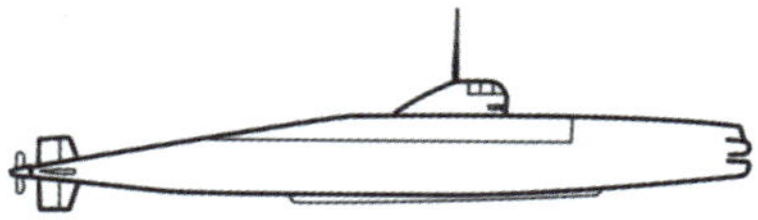

日本的“蛟龙”小型潜艇，全长 26.25 米，水下排水量 58.4 吨，乘员 5 名，450 毫米鱼雷 ×2，共建造 115 艘

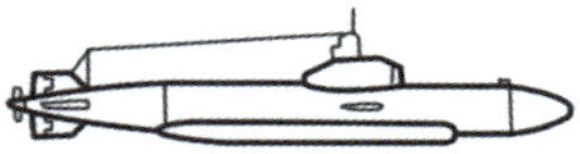

日本的“海龙”小型潜艇，全长 17.28 米，水下排水量 18.97 吨，乘员 2 名，450 毫米鱼雷 ×2，共建造 212 艘

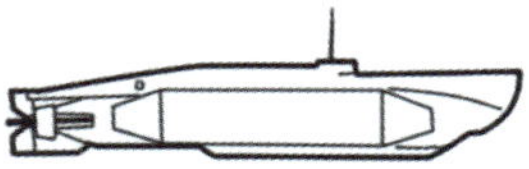

英国的 X 艇，全长 15.74 米，水下排水量 29.7 吨，乘员 4 名，在袭击铁必制号的时候，成功在该舰两侧装设了 2 吨炸药

德国的“海狸”小型潜艇，全长 9 米，水下排水量 6.25 吨，乘员 1 名，533 毫米鱼雷 ×2，加上衍生型号建造了超过 900 艘

下图为同比例的 U 艇。U 艇在潜艇中也算是小型艇了（全长 67.1 米），比较之下便知小型潜艇有多迷你

No.070 U 型潜艇是什么

U 型艇并不是某一型舰艇，而是德国所制造的潜艇的总称。

史上罕见的庞大消耗

德国的潜艇是以在德语中具有潜艇意义的“Untersee boot”表示的，所以被称为“U 型潜艇”（U–Boat，简称 U 艇）。这个词并非单一代表一艘军舰的固有名名词或级别，而是用作德国中型潜艇的统称。

在一战中，德国几乎所有的水面舰艇都被敌对的英国海军封锁在本国，因此德国就想用潜艇突破封锁，且反过来破坏英国的通商航线。

在国际法上，对于敌国的非武装商船，只能给予警告且使船员下船之后将其击沉，但为了给予警告而让潜艇上浮等待是件很危险的事情，所以德国就对位于指定海域内的船只在无警告的情况下全部击沉，实行所谓的“无限制潜艇作战”。

在二战时，德国依然是靠着潜艇来进行通商破坏作战，并于开战翌年重启无限制潜艇作战。初期，德国的战术是在夜间使用多艘潜艇对船队进行袭击，也就是所谓的“狼群战术”，并取得丰硕战果。

船队的情报是靠无线电在潜艇之间相互传递的，而英国则想尽办法破解通信密码，使船队在被攻击前收到信息。另外，由于飞机、雷达、反潜战术的不断发展，使大战中期之后的德军战果逐渐减少。

大战末期，德国把呼吸管装置投入使用，不仅建造出不需上浮的潜艇，还持续建造了高速的新型 U 艇，但仍未能有效扭转战局。

在整个二战时期，U 艇一共建造了 1000 多艘，损失也高达 700 艘，击沉盟军商船 2800 艘，总计 1400 万吨。盟军虽然为胜利付出沉重代价，但除了建造了总计 1000 万吨的商船外，还采取了护卫航母等手段，靠数量压制住了 U 艇。

U 艇

U 艇活动的海域

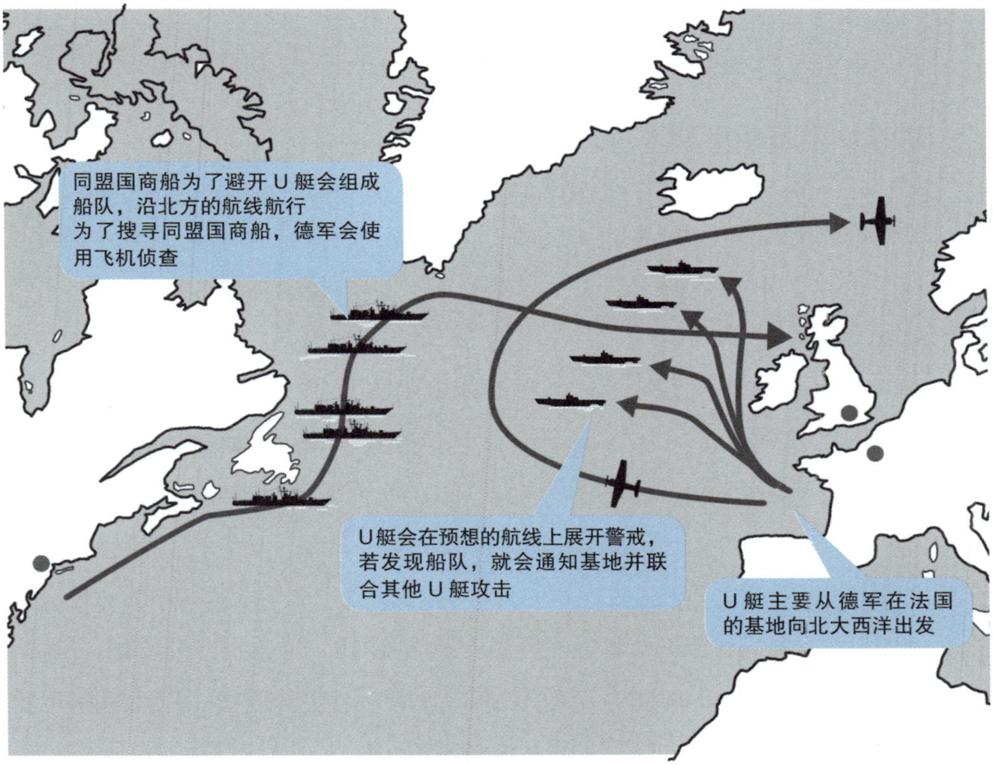

U 艇的战术

一开始 U 艇会吸引巡逻舰的注意，其他 U 艇则乘隙展开攻击

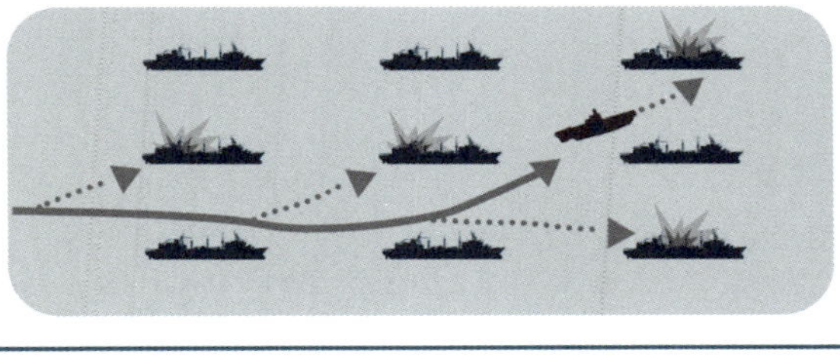

U 艇冲入船队以后就开始逐次发射鱼雷

No.071 潜艇的动力和其他舰船有什么不同

要在水下持续潜行对潜艇动力的要求要比其他舰艇高。

以核动力与柴电动力为主

最早的潜艇在水面航行时用汽油发动机，潜航时用蓄电池与电动马达推进。当潜艇大型化后，汽油发动机的出力不够、燃料也容易被引燃，所以改用柴油发电机。由于柴油主机较为节省燃料，所以较为适合单舰只身追击敌舰的潜艇。

当时的潜艇马达出力不足，潜航时速度最多只到 9 节，且以这样的速度潜航的话，电池连 1 小时都支持不了。为克服这一缺点，德国率先研制出呼吸管，当船体潜在水下时，只要把进呼吸管露出海面就能让柴油主机继续工作，在较浅的海域可以一边让蓄电池充电一边潜行。

最早可以不使用空气的内燃机是“华尔特涡轮”，它使用 80% 的过氧化氢水溶液代替空气，用以燃烧柴油并推动涡轮旋转。虽然德国在二战末期有建造搭载这种轮机的 U 艇 XXI 型，不过未将其应用在实战中。战后各国也曾研究过氧化氢主机，但由于其操作上相当困难，并未成为主流。

核动力装置是被核武器保有国所采用，美、俄的潜艇大多采用核动力潜艇，不过由于核反应炉的冷却水与涡轮噪音比电动马达大，且核反应炉对于中小型国家海军来说价格过于高昂，还存在影响环境、安全性等问题，因此大多数国家仍使用柴油主机。

近年来也有使用燃料电池取代蓄电池，采用“斯特林主机”等不需取用外部空气的绝气推进系统的潜艇陆续登场。

潜艇的动力

柴电潜艇的构造

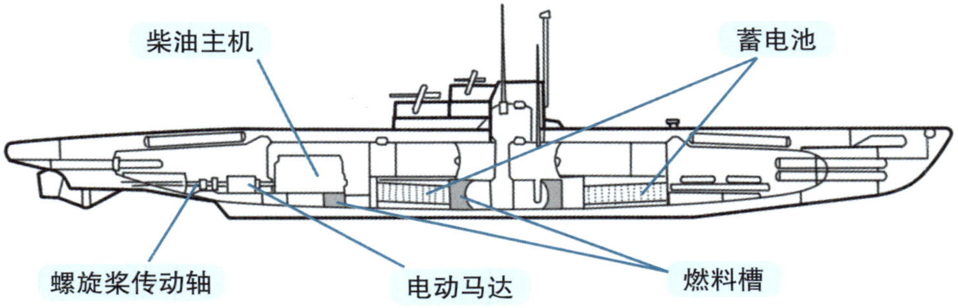

核动力潜艇的构造

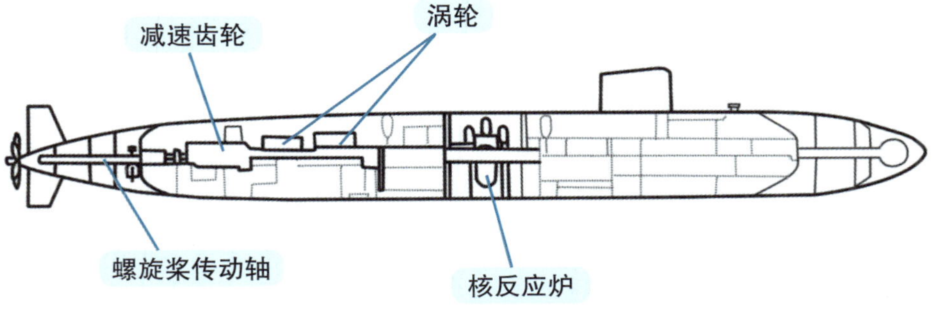

史特林主机

斯特林主机是一种利用温差来获取动能的装置，不断重复地将汽缸内的气体进行冷却压缩、加热膨胀的动作。冷却的时候借助海水，加热则使用燃烧液态氧

它既不会跟内燃机一样需要经过爆炸步骤，也不会发出涡轮一样的机械噪音，是未来备受重视的潜艇主机

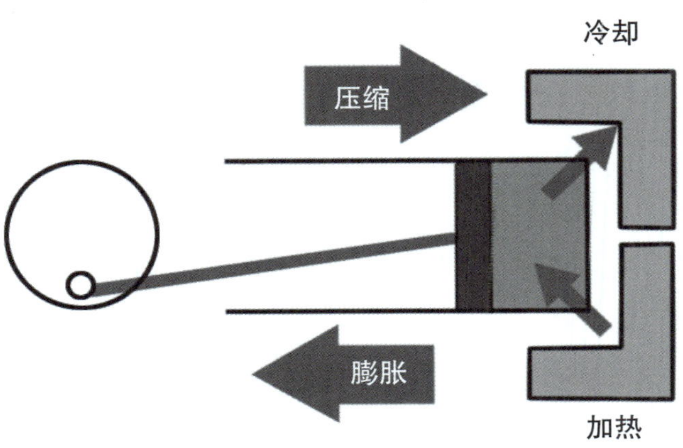

No.072 战略核潜艇

潜艇具有较高的存活性，即使是发生核战争仍可能存活，战略核潜艇甚至能依靠所搭载导弹进行报复攻击。

潜藏在深海的导弹基地

战略核潜艇（弹道导弹核潜艇）是一种搭载了弹道导弹，可有效防御核战争爆发的潜艇，最早出现的是1959年的美国“乔治·华盛顿”号。由于与陆地导弹基地相比，潜艇具有较好的隐蔽性，在受到攻击后存活率较高，因此美、英、俄、法、中等国都相继进行研发配备。为确保其生存性，其动力往往采用核动力，因此被称为战略核潜艇。

美国现役战略核潜艇为14艘俄亥俄级，每艘搭载24枚“三叉戟”D5潜艇发射型弹道导弹。三叉戟导弹射程可达10000千米以上，拥有从不受敌军威胁的美国沿海或印度洋等海域对俄罗斯本土进行攻击的能力。英国也拥有4艘可搭载同型导弹16枚的先锋级潜艇。

俄罗斯拥有6艘海豚级、2艘鲨鱼级战略核潜艇，法国有3艘凯旋级，中国有一艘夏级。这些潜艇的武装除了弹道导弹外还装有自卫用鱼雷与巡航导弹，基本上它们都会以攻击型潜艇担任护卫任务。

一般而言，战略核潜艇为避免被到测到，会以5节以下的速度潜航，虽然现在世界上的武器都可以依靠军事卫星探查，但当潜航到一定深度以下的话还是难以发现的。潜航中的潜艇可以透过ELF（极低频）进行通信，但由于ELF频率相当低，无法搭载较多资讯，因此通信内容常常只是被暗号化的简单指令。一旦接受到导弹发射指令，就会有数名军官执行发射任务，导弹会先以压缩空气从潜艇射出，等离开水面后再点燃火箭推进器。

战略核潜艇

俄亥俄级战略核潜艇

全长 170.69 米 水下排水量 18750 吨
搭载的核弹头当量总计达 4000 万吨，相当于 2000 枚美国袭击广岛的原子弹。

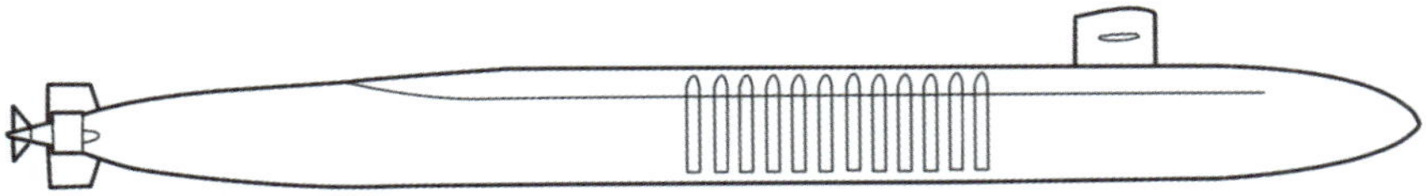

洛杉矶级核潜艇

全长 109.73 米，水下排水量 7147 吨

核弹发射步骤

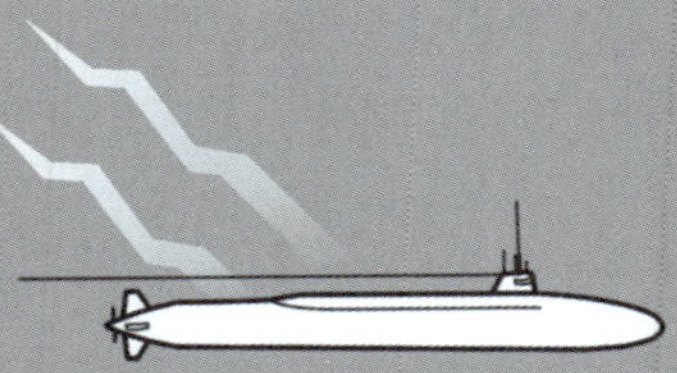

战略核潜艇为了避免被敌人探测，会以 5 节以下的速度进行潜航。对潜航中的战略核潜艇可以通过 ELF（极低频）来下达简单的命令，由于 ELF 频率很低，所以无法承载太多信息

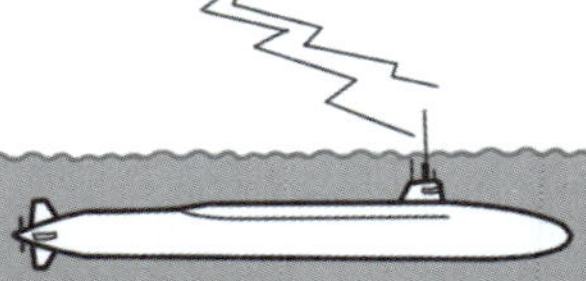

战略核潜艇会把通讯桅杆伸出水面接受发射命令

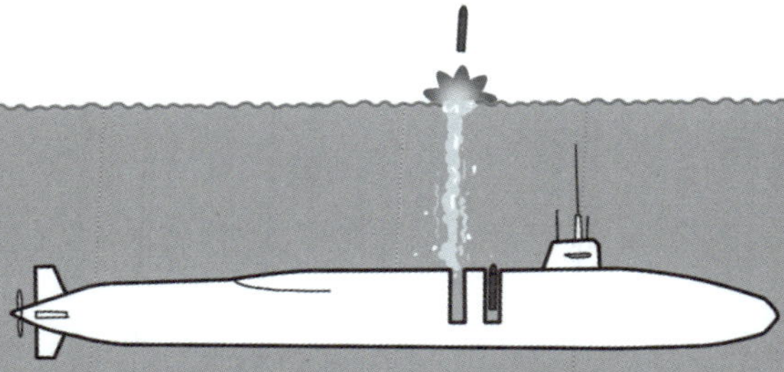

在确认过发射命令的真伪以后，就会有数名军官来执行发射程序。导弹会靠压缩空气从潜艇中射出，离开水面后点燃火箭推进器

No.073 潜艇能潜多深

虽说潜到深海就不用再担心敌人的攻击，但能安全下潜到深海的技术直到二战后才被发明。

1
2
3
4
5

阿尔法级的记录是 1000 米

就水下而言，深度每增加 10 米，船体表面每平方厘米收受到的水压就增加 1 千克，这相当于 1 个标准大气压，而下潜至 1000 米的话，施加在船体上的压力就会有 101 个标准大气压。若潜艇无法承受如此高的压力，就不能安全下潜至一定深度。虽然圆球形是最耐压的形状，但由于圆球形并不适合潜艇搭载声呐和武器，因此一般会将潜艇设计成圆柱形，耐压部分外侧再覆盖非耐压部分，这就是对现代潜艇结构而言相当普遍的“双壳体构造”。在这种结构下，耐压部位与非耐压部位之间会有水压，所以非耐压部位内侧与外侧压力会相互抵消，不会破坏船体。

构成潜艇的材料多与耐压有关，现在使用的“高张力钢”以滚轮进行轧延，可以承受高张力。能下潜至 1000 米以下深海的前苏联阿尔法级艇身采用了更坚固的钛合金。

第二次世界大战时潜艇潜航深度约为 50~60 米，但若只是较短的时间也可潜航至这个深度的 3 倍左右，实战中就曾出现为躲避深水炸弹攻击，而潜至超过 200 米的深度的例子。

战后潜航深度随技术进步不断变化，美国洛杉矶级是 450 米，海狼级是 594 米，据说俄罗斯的奥斯卡级在 500 米左右，胜利级是 600 米。

虽然战后核潜艇给人的印象是一直隐藏在深海中，但实际上它们并没有达到那样的深度，由于船体较大，且具有弹道导弹发射舱盖等构造强度较弱的部位，其所能潜航的深度会受到一定制约。

军用潜艇下潜深度

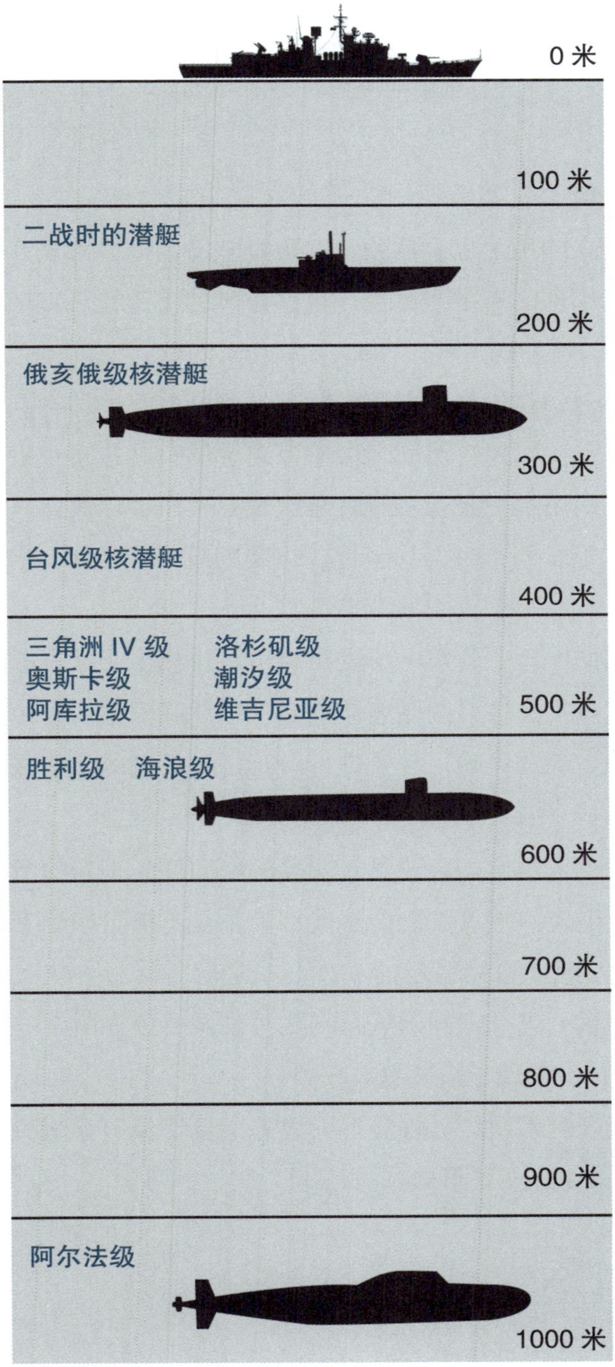

深度没增加 10 米，每平方厘米的舰体表面就增加 1 千克的水压，潜艇在水深 10 米的时候需要承受是 2 个大气压，水深 100 米的时候是 11 个大气压，而水深 1000 米的时候就相当于 101 个大气压

跟攻击型潜艇相比，向俄亥俄级、台风级、三角洲 IV 级这些战略级潜艇下潜的深度往往较浅

由于阿尔法级是比较小型的潜艇，并拥有钛合金制成的内壳，搭载以液态金属作为冷却材料的核反应炉，所以号称能潜航至 1000 米的深海，并能达到 40 节的高速

No.074 潜艇怎样搜索敌人

从潜艇中很难观测外界情况，只能靠声呐进行探测，或是靠潜望镜进行窥视。

在水下声音是唯一的依靠

潜望镜不只是潜艇使用，在陆地上也会使用，它可以从壕沟向外观察，在坦克的舱盖上也装设有相同原理的潜望观测镜，虽然潜艇的潜望镜可以顺利观测外界情况，但由于其极易被发现，所以不能一直伸出水面。

声呐是一种通过发出超声波，在依靠反射回来的声波判断有无物体存在的装置。在第一次世界大战中，英军曾将民间当做航海装置的声呐改造成军用设备；在那时还出现了可以利用水下收音机收听敌舰螺旋桨声音以测定其方向与距离的水下收音机，在舰艇停止时，甚至可以探测到航行于 10000 米之外的敌舰。

声呐与水下收音机采用相同原理，若声呐不发出超声波就相当于水下收音机。发出声波的是“主动式声呐”，只接受声波的是“被动式声呐”，一般而言，反潜舰艇所使用的是主动式声呐，需要进行潜行隐秘活动的潜艇采用的是被动式声呐。

现代的潜艇会装设多种声呐，发出的声波具有较高的指向性，不易被敌人发觉。除船体上的声呐，拖曳式声呐可以延伸至数百米，且不被自舰噪音干扰，甚至能穿透妨碍声波的“温度边界层”。

潜艇为了确认自舰所在位置、进行正确的航行，在过去需要依靠时钟与速度表，现代则使用装有陀螺仪的惯性导航装置。

至于潜艇的通信则与其他舰艇不同，会将装有天线的拖曳浮标上浮至海面进行通信，而水下通信则依靠 ELF（极低频）进行。

潜艇搜索敌人的方式

潜望镜

潜望镜可以在靠着装在上端与下端的棱镜来折射光线，用来观察睡眠上的情况。中间还装有其他的透镜，用来提高倍率或供瞄准使用

由于长时间让潜望镜伸出水面就会增加被敌人发现的危险，所以一旦升起潜望镜，就要在迅速观察完四周之后马上收回来

除了潜望镜之外，还有通信用桅杆、雷达桅杆等，一样可以升降

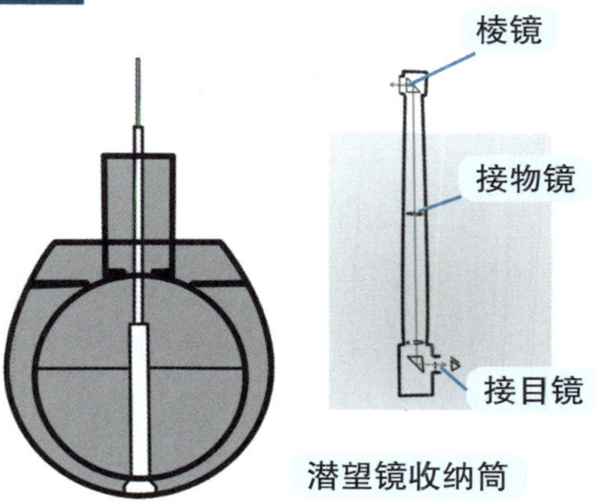

声呐

主动式声呐

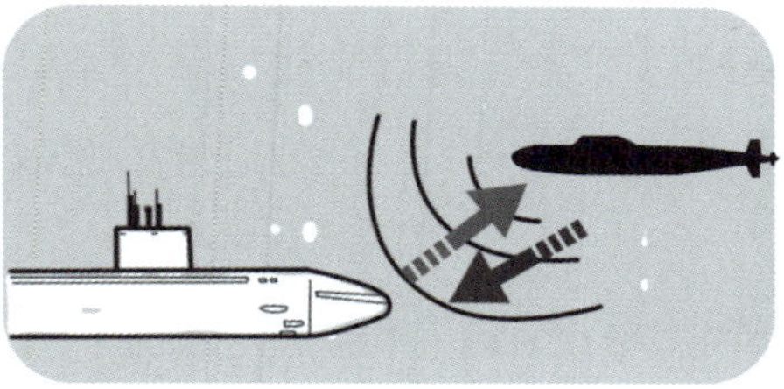

自己会发出声波，依靠回波来探测。虽然比较准确，不过也会暴露自己的位置所在

被动式声呐

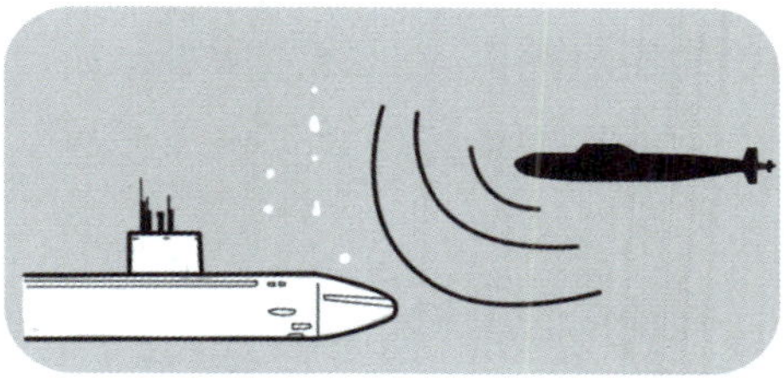

不会发出声波，靠敌人发出的声音来进行探测，探测的速度较慢，不过比较隐蔽

最新型潜艇声呐配置

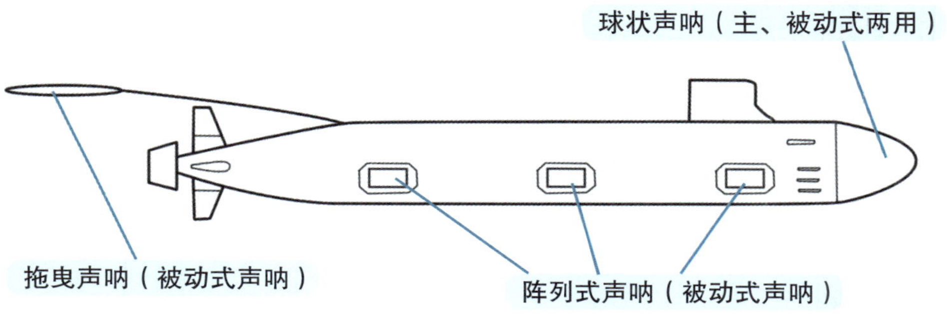

No.075 潜艇战

虽然在人们的想象中潜艇间的作战是极其激烈的，但实际上潜艇之间几乎没有相互交战的记录。

只有一次的水底潜艇战

虽然战后攻击型潜艇常被视作潜艇杀手，但实际上潜艇在水下相互对战只有二战时期的一个案例而已。

1945 年 2 月 9 日，英国潜艇“冒险者”号将德国 U-864 潜艇击沉，当时两者都位于潜望镜深度（较浅深度），“冒险者”号透过潜望镜发现对手的呼吸管并发射鱼雷，虽然当时潜艇上已经装设有主动式声呐，不过这次战斗中却并没用到它。

在第二次世界大战时期，由于当时的鱼雷几乎没有追踪能力，要追击移动中的潜艇简直就是强人所难，所以潜艇难以在水下进行交战。不过当潜艇浮上水面时，就能像攻击水面舰艇一样对其发起进攻了，若是这样的对战，倒也有不少实例。

现代的潜艇可以依靠精密声呐来获取海中的声音，并通过电脑进行分析发现敌人的踪迹。在搜索敌人时要先放慢自身速度，以声呐确定周围情况，在提高速度或改变方向，不断重复这样的动作。

由于海中情况复杂多变，虽然深海的水温较低，但有些海水层在温度上会发生剧烈变化，这种变化会改变声音的传递方向，若是声波以浅角度碰触的话会发生反弹，因此无法跃层传递，这样的海水层被称为温度边界层（温度跃层）。有时明明船舰就是向着深海发出声波，但却会经过各种曲折跑到水面，这正是被称为音响收束带（CZ）的区域产生的影响。若能有效利用这些现象，可能会为欺骗敌军舰艇带来奇效。

潜艇对战的情况

对声音传递方向的影响

温度边界层

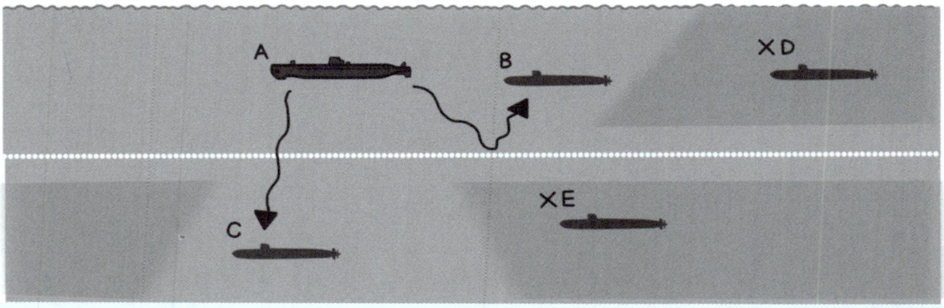

潜艇 A 可以直接听见位于声呐探测范围内的 B 与 C 发出的声音，位于声呐探测范围外的 D 则无法听见。而潜艇 E 虽然位于声呐探测范围之内，不过却因为温度边界曾的阻碍，也无法听到

对于 E 这样的目标，就要使用拖曳声呐来拖放至温度边界层下加以应对

音响收束带

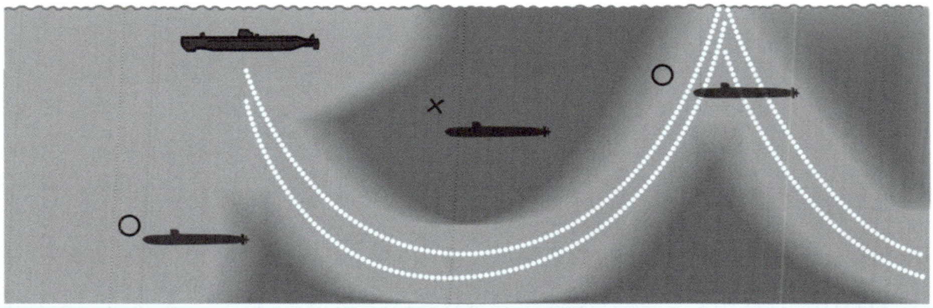

音响收束带是一种可以令声音产生曲折的狭窄带状区域，可以待测到偶然进入这个区域的潜艇的声音

从探测到攻击的流程

探测

接触，探测到疑似敌舰的声音

▼

推算位置、执行追踪

▼

把资料输入鱼雷

攻击

发射鱼雷

▼

鱼雷在接近目标时启动引导装置

▼

鱼雷修正路线

▼

命中目标

No.076 如何进行反潜作战

为对付破坏我方海上通商交通线、突袭我方军舰的敌军潜艇，必须要采取行之有效的反制方法才行，否则将无法抵抗。

不断发展的潜艇与反潜手段

在无法有效发现敌军潜艇的时期，即使其在水下速度较慢，潜艇仍然是几乎无敌的。

第一次世界大战时，德军U艇常在未事先警告的前提下对商船等发动进攻，使英国陷入危机；为了与之相抗，英军组织船队，通过搭载深水炸弹的军舰进行护航，后来发展到运用声呐来探测潜艇动向。第二次世界大战时，能探测到潜艇的潜望镜等小体积厘米波雷达开始被实用化，只要将其装设在反潜机上，就能较快发现潜艇的踪迹。

太平洋战争后期，美国海军会截取日军的通信并破译密码，再派出护卫航母攻击敌方潜艇。

随着科技的进步，潜艇与反潜部队的斗法日趋激烈。

由于在战后登场的核动力潜艇几乎完全不需上浮，较难被发现，而且装备的反舰巡航导弹可以在比鱼雷等射程更远的地方发起攻击，因此威胁增大了不少。

随着潜艇的不断发展，现代反潜策略不断推陈出新。以英美而言，可以靠设置在大陆棚等处的固定声呐SOSUS探测潜艇动向。除此之外，还能用可以侦查潜艇磁性的MAD（磁性探测器）进行反潜活动，不过这类探测器由于有效范围较小，在使用上有一定局限性。

反潜机会用吊放式声呐与声呐浮标（SONO-Buoy）发现敌踪，并靠短鱼雷将进行攻击。后来发展成舰用武器的反潜导弹上也装有短鱼雷，其攻击范围比反潜机广。攻击型潜艇是用以对付潜艇的利器，可以一直在水下追踪敌方潜艇。现代，反潜作战可以从空中、水面上、水下对敌军潜艇展开攻击。

反潜作战的方式

现代反潜作战

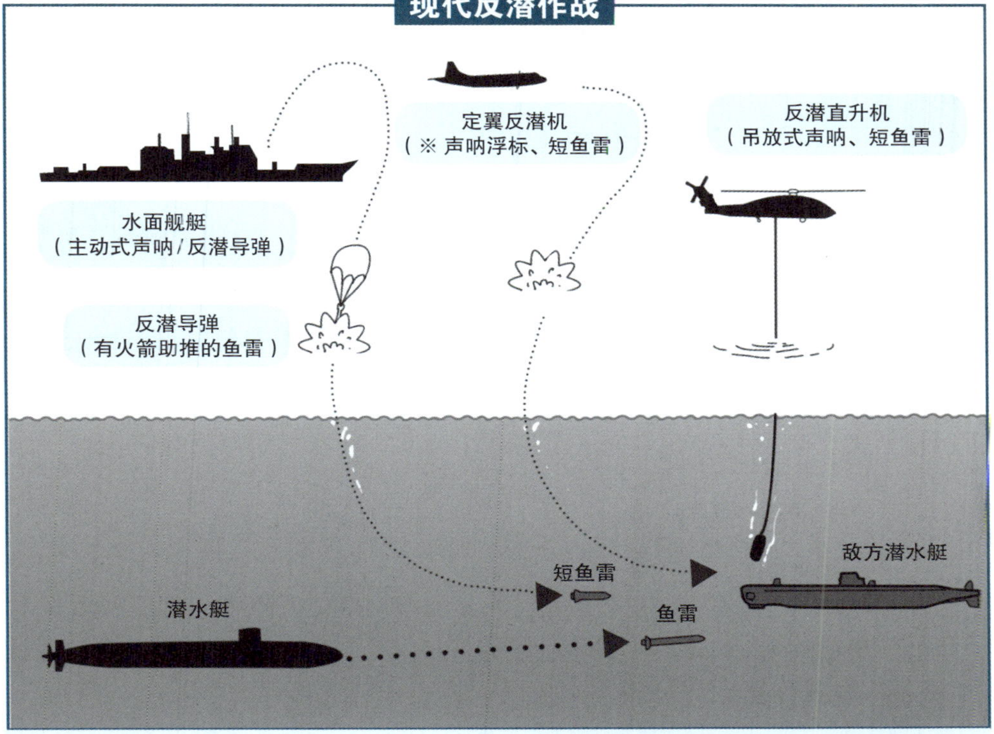

※ 声呐浮标：会从空投浮标中吊放出声呐

SOSUS

美英共同开发的 SOSUS（音响监听系统）是靠着装设在大陆架海底的声呐获取信息，先经过地面传送到通讯卫星，然后再传到指挥部

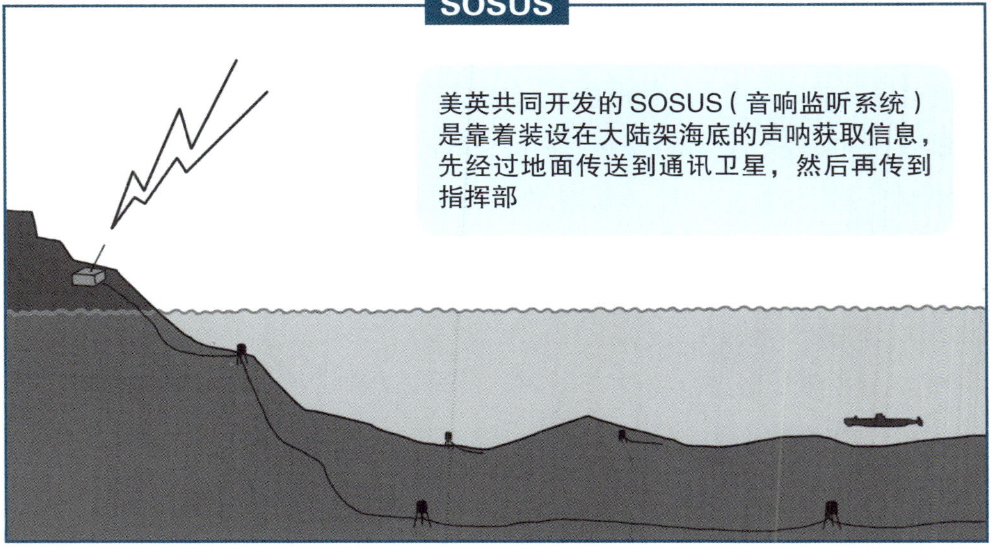

No.077 潜水航母是超级武器吗

第一次世界大战后，各国开始研制出可搭载水上飞机的潜艇，而能将所搭载的飞机作为武器用于攻击任务的潜水航母正是由此演化而来。

对敌人本土进行空袭

在20世纪前期，“让潜艇搭载飞机进行侦查”这个想法得以实现，而“让潜艇搭载飞机对敌人的阵地发动空袭”的构想也开始付诸实践。

1925年，英国潜艇M2上装设了气压制动的飞机弹射装置与小型水上飞机。1930年法国“速科夫”号是当时最大的潜艇，可搭载“贝松”MB411水上飞机1架。1932年，日本完成可搭载1架九一式水上侦察机的伊–5。

之后，日本建造出数艘“飞机搭载潜艇”，搭载机也逐渐开发出双翼的九六式小型水上侦察机、单翼的零式水上侦察机等。在第二次世界大战爆发后，潜艇所搭载的水上侦察机开始在侦察任务中大显身手，像在偷袭珍珠港前对港口的侦查就由从伊–7起飞的侦察机完成。

1942年，日本海军靠伊–25搭载的侦察机对美国本土进行轰炸。虽然伊–25不是潜水航母，但其所搭载的飞机成功进行攻击仍属世界首例，此举也是美国本土遭到空袭的首例。

1944年，日本建造出的大型化飞机搭载潜艇伊–400是当时最大的潜艇，拥有可以绕地球一周半的续航能力，此舰可算是独一无二在大战中被称为“潜水航母”的舰艇。伊–400级可以搭载3架折叠式的水上攻击机晴岚，本是为对美国本土展开奇袭所造，但尚未投入使用战争就已经结束了。

由于潜水航母诞生时，雷达已开始投入实用，所以很难达到奇袭的目的，但是寄希望奇袭敌军阵地直捣黄龙的设想被之后出现的巡航导弹继承。

潜水航母的运用

伊 –400 潜艇，全长 122 米，潜航排水量 6560 吨，是当时世界上最大的潜艇，可搭载 3 架水上飞机

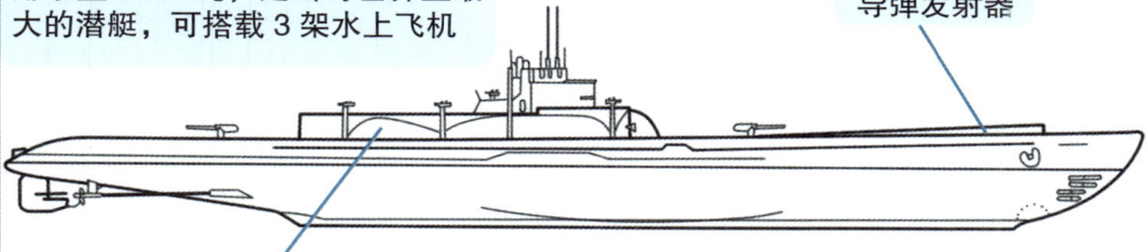

法国的“速科夫”号，全长 110 米，水下排水量 4303 吨，能够搭载 1 架水上飞机，还备有 200 毫米双联装炮

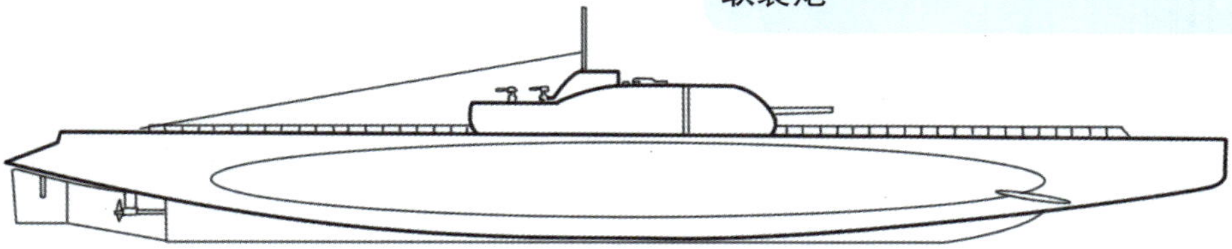

潜水航母在作战中的应用

上浮后，要把水上飞机组合起来（15~30 分钟），然后用弹射器弹出

作战（侦查或轰炸），在此期间潜艇多选择潜航

水上飞机回航，降落水面、吊起回收、分解机体（从降落到分解收纳需要约 1 小时）

下潜，作战结束

非常耗费人力 在组合或分解作业时如果被敌人发现，就不得不中途停止，情况严重的话甚至要将飞机弃海，因此使用的范围并不广泛

专题："库尔斯科"号潜艇的沉没

迄今为止，因为事故导致的潜艇沉没事件可谓数不胜数，核潜艇也不例外。由于潜艇沉没事故往往涉及到军事机密，多数事故详情并不为人们所知。然而在 2000 年 8 月 12 日，俄罗斯"库尔斯克"号核潜艇在军事演习中于众目睽睽之下发生意外，因此事故详情得以广为流传。

"库尔斯克"号是奥斯卡 II 级巡航导弹核潜艇，以在二战中爆发大规模战役的城市库尔斯克命名。1994 年 5 月下水，1995 年 1 月正式列入俄罗斯海军北方舰队，是当时世界最大的战役核潜艇之一，同时也是俄海军最先进的巡航导弹核潜艇之一。

事发当天，指挥部下令发射鱼雷，然而就在此时，悲剧发生了。鱼雷在发射管尚未关闭的时候就发生了爆炸，发射室内的乘员全部当场死亡，火焰通过没有关闭的舱门蔓延到指挥舱，包括舰长在内的高级军官也无一幸免。

紧接着，其他鱼雷也被引爆，新一轮更强的爆炸瞬间就将舰首炸开大洞，"库尔斯克"号很快就沉入 108 米的海底。事故发生后，俄罗斯迅速展开救援，然而却并不顺利。

在俄罗斯救援行动失败后，来自多国的救援队由于军事机密以及政治因素的限制，直到 10 天后才进入舱内，而此时舱内的其他乘员早已因为缺氧、失温、中毒等因素全部死亡。

这起事故最根本的原因在于俄国海军长期预算不足，经常会在鱼雷成功抵达目标之前就进行回收再利用，最初爆炸的那枚鱼雷已经这样不断重复使用了超过 10 年，鱼雷内部的过氧化氢泄漏导致爆炸。

第五章
其他军舰

No.078 什么是巡防舰

巡防舰在帆船时代就已出现，其中有一段时期未被使用，但之后又出现并被当作小型巡防舰的名称。

以反潜、防空任务为主的巡防舰

“巡防舰”这种舰种在不同时代不同国家有不同的定义。

在帆船时代，小型、快速且可以进行远洋航行的舰艇曾被称为巡防舰，不过后来这类舰艇被改称为巡洋舰，不再使用巡防舰一名。

第二次世界大战时，同盟国为对抗德军潜艇开始采用“巡逻、巡防舰”当做对己方船只的护卫，此时，巡防舰一名得以再次使用。这类舰艇排水量多为 1500 吨，速度为 20 节，以反潜任务为主。

此后，英国便习惯的将导弹驱逐舰以外的驱逐舰等级舰艇成称为巡防舰。而法国没有驱逐舰一词，因此将与驱逐舰相当的舰艇全部称为巡防舰。也就是说欧洲所谓的巡防舰即就是担当反潜任务的驱逐舰。

在美国，则将在战时紧急建造的巡防舰依次处理掉，转而投入对驱逐舰的研发，与此同时，还建造了强化指挥、通信机能的大型领航驱逐舰莱希级，并将其称为巡防舰。之后，美国的巡防舰还装上了远程防空导弹，在大型化之后采用核动力装置的舰艇也开始投入使用。1970 年，从巡防舰奥利弗·哈泽德·佩里级开始量产后，就将包括以前的护卫驱逐舰在内的舰艇统称为巡防舰，而之前的大型领航驱逐舰则分类为巡洋舰。换言之，现在的美国将比巡洋舰小型的舰艇，及担任防空、反潜任务的小型驱逐舰冠以巡防舰之名。

在我国海军的舰艇分级当中，凡是吨位小于驱逐舰，大于护卫艇的所有舰艇，一律都称为护卫舰，相当于涵盖了传统上巡防舰与护卫舰所属的舰级，这是与其他国家海军不同的地方。

巡防舰

“巡防舰”称呼的演变

巡防舰（帆船）
在帆船时代，巡防舰指的是小型快速的帆船

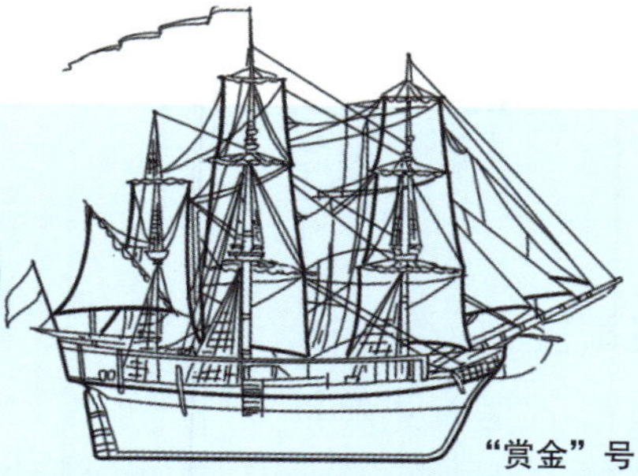

“赏金”号，18 世纪，英国

巡防舰（第二次世界大战时的反潜护卫舰）
为了抵御来自 U 艇的威胁，需要一种负责反潜任务的新型舰种

↓

巡防舰（英国）
担任反潜任务的舰艇

巡防舰（美国）
大型的驱逐舰→导弹巡洋舰

↓

巡防舰（现在）
比驱逐舰更小的护卫舰

现代巡防舰

荷兰的七省级
具有很强的防空能力，标准排水量 4400 吨
全长 144 米

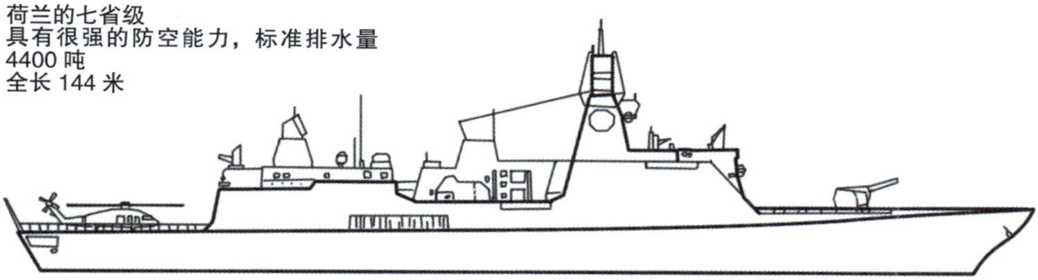

日本海上自卫队的夕雾型
以反潜任务为主的护卫舰
标准排水量 1470 吨
全长 91 米

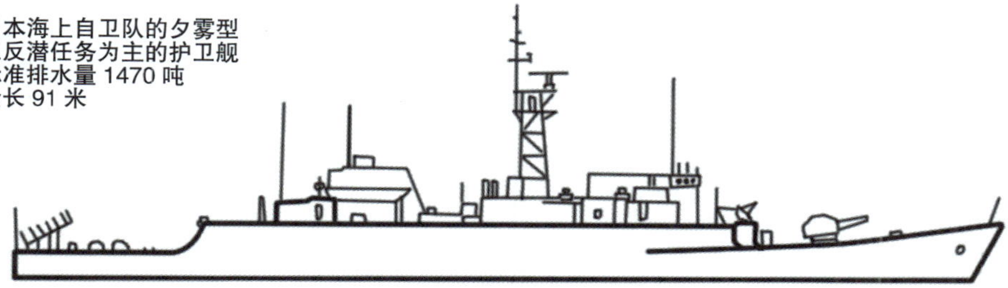

根据不同国家，从 1500 吨到 4500 吨的都有，差异甚大

No.079 什么是巡逻舰

巡逻舰早在帆船时代便已出现，现在主要用于称呼警戒用舰艇。

中小型海军主力

在帆船时代，巡逻舰主要指小型的军舰，船舰按大小称为战列舰、巡防舰、巡逻舰。

到近代，巡逻舰已经消失，直到第二次世界大战时，英国建造了一种速度 16.5 节的蒸汽动力舰花卉级，将其称为巡逻舰。这个时代的巡逻舰与护卫舰一样，都具有防护的意味。

这类舰艇在大战中建造了 200 多艘，搭载深水炸弹与刺猬炮（小型深水炸弹投射装置）等担任反潜任务，拥有强烈的战时急造舰艇特色。由于其体积过小，在远洋航行十分不便，且无法跟上性能处于逐渐提升阶段的潜艇，因此最终在战场上消失了。

1950 年代，苏联、法国、西德等中小型海军国家曾建造出排水量未满 1000 吨，速度在 20 节左右的舰艇，称为巡逻舰，并将其用于近岸警戒、渔业保护、镇压小规模冲突等。

到 50 年代后期，随着护卫舰的大型高速化、高性能化，各国开始出现排水量 1000 吨以上、速度在 20~30 节的反潜巡逻舰，在近几年甚至联装备有反舰导弹与小型高性能火炮的船舰也不断增加。虽然不能进行远洋航行，但在水面上的攻击力与防御力却不成问题，常被当作小型通用船使用。

瑞典的最新型巡逻舰维斯比级是一种多用途的导弹警戒艇，采用水喷射方式推进，由于武装收纳在船内，因此匿踪性相当高，外观也简洁洗练。据说其中还能搭载小型直升机，巡逻舰与大型导弹艇的区别越来越模糊了。

巡逻舰

第二次世界大战时的巡逻舰

英国的城堡级巡逻舰
全长 76 米，标准排水量 1060 吨
装有三段膨胀式蒸汽机，速度 16.5 节
英国制造了大量巡逻舰用来负责船队的护卫

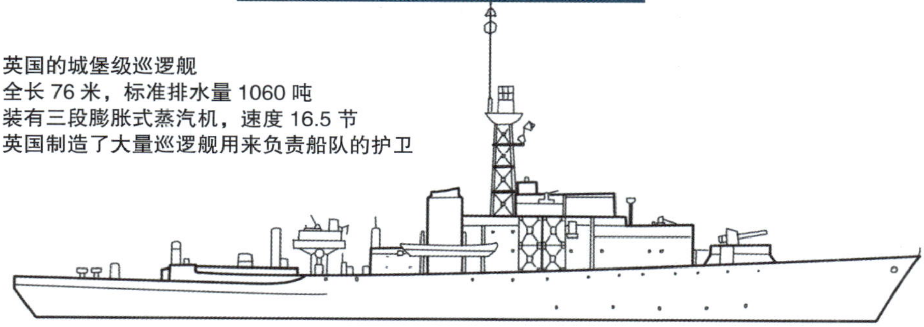

最新型巡逻舰

瑞典的伟士比级巡逻舰
全长 72.8 米，标准排水量 600 吨
使用燃气涡轮 / 柴油机，速度 40 节
导弹发射器、炮管、直升机等都采用隐藏收纳式，具有相当高的匿踪性

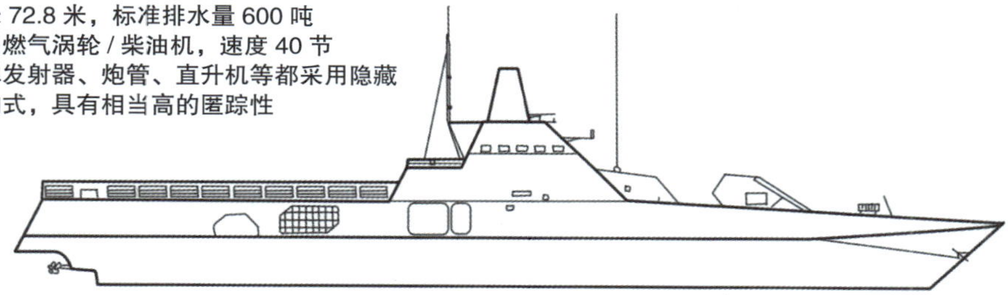

维斯比级内部

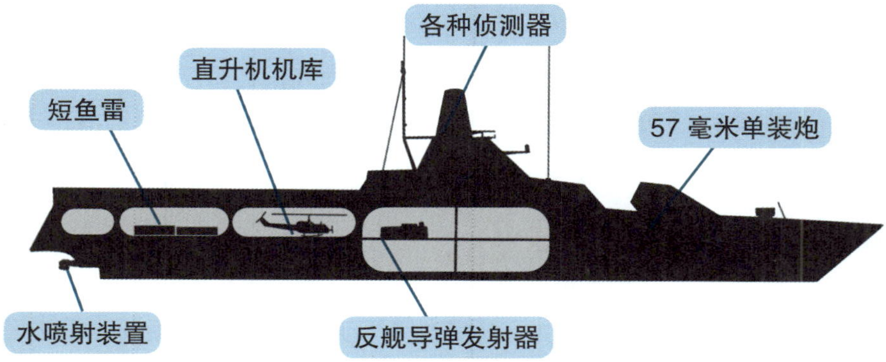

No.080 什么是伪装巡洋舰

伪装巡洋舰是由商船改造而成的军舰，它用于辅助正规军舰，或是伪装成商船进行无视交战法则的海盗船行为。

U 艇杀手 Q-ship

在战争时期，若出现军舰数量不足的情况，就会征用商船装设上轻武装使其成为军舰，这就是最初的“伪装巡洋舰”。

第一次世界大战时，德军运用海军威胁英国的海上交通线。由于德国海军的主要任务是破坏通商，因此英国为了保护商船需要更多的军舰，便使用了许多伪装巡洋舰。

英国的伪装巡洋舰被赋予搜索敌舰、海上封锁、船队护卫等任务，虽然对巡航能力与经济性都非常优秀的伪装巡洋舰而言，是个适得其所的角色，但若要开展对敌作战，仍会因轻武装、轻装甲造成较大损失。

英国较为出名的伪装巡洋舰是由小型商船改装而成的“Q-ship”，这类 Q 船是一种会先假装没有武装，等德军 U 艇上浮准备炮击时再将之击毁的军舰。Q 船就是看准潜艇会为节省昂贵的鱼雷而冒险上浮，并以备炮进行攻击的特点，击毁了为数不少的 U 艇。

战斗的另一方德国也积极将伪装巡洋舰用于攻击，跟 Q 船一样，德军会将其伪装成他国船只，再对敌国商船进行袭击，其武装多藏在船舱中，会等到非常接近时再打开炮门进行奇袭。

还有舰艇会在船舱里收纳侦查用水上飞机。第一次世界大战时的蒸汽帆船“海鹰”号，在大西洋和太平洋等世界各地活动，并击沉或俘获商船 16 艘。

德国在第二次世界大战中也曾采用伪装巡洋舰，其中 1 艘“鸬鹚”号曾与澳洲巡洋舰“悉尼”号交战，最终平分秋色。虽然伪装巡洋舰还被用于布放水雷、对 U 艇进行补给等，但由于后期盟军使用巡逻机等手段加强海上监控，最后被一扫而空。

伪装巡洋舰

伪装巡洋舰的范例

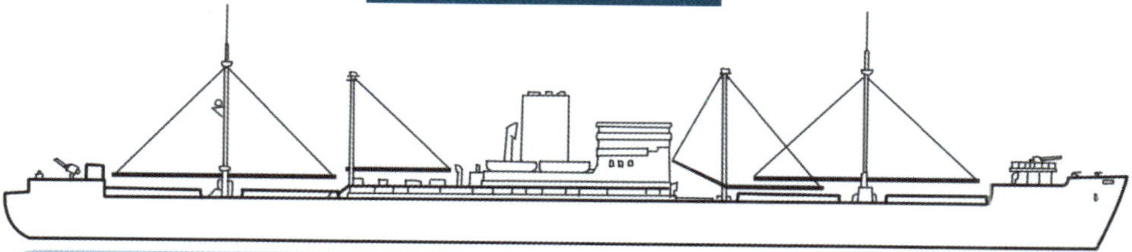

德国的“鸬鹚”号，外表看起来与商船并无二样。全长 157 米，标准排水量 19900 吨，使用柴油机，速度 18 节。在第二次世界大战初期伪装成中立国商船，从南大西洋到印度洋进行通商破坏

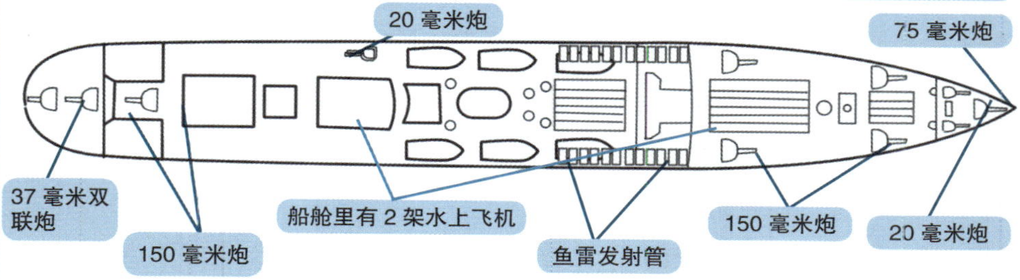

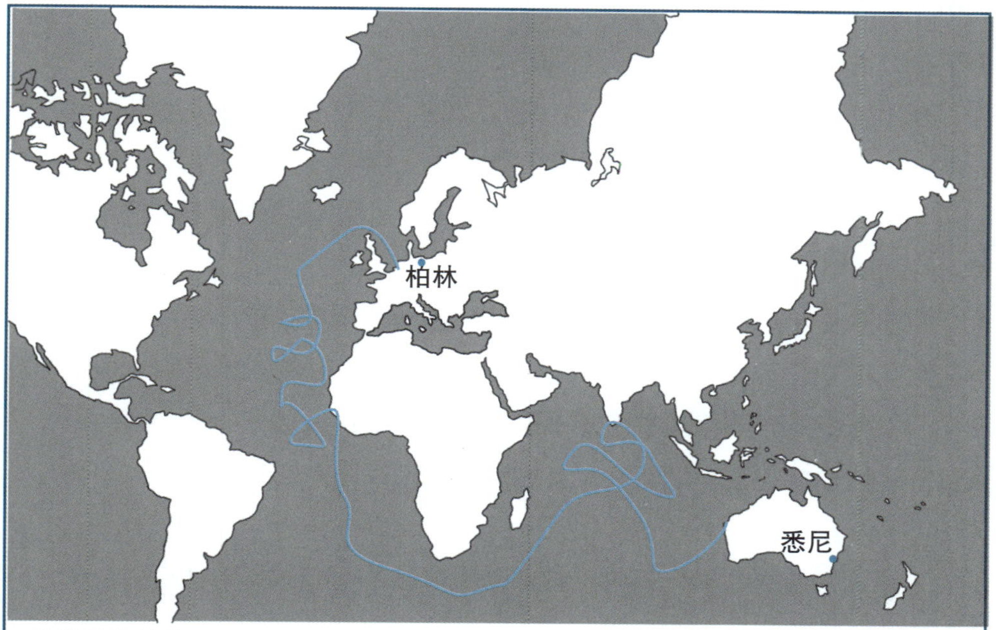

鸬鹚号的航路

鸬鹚号于 1940 年 12 月 3 日从德国出发，进行了将近 1 整年的通商破坏。它从南大西洋一直航行到印度洋，击沉、捕获了 11 艘商船。后来将 12 号目标瞄准了澳大利亚海军的“悉尼号”巡洋舰，1941 年 11 月 11 日两船在澳大利亚西岸交战，两舰俱重损沉没

No.081 什么是鱼雷艇

鱼雷艇在实战中多以一击必杀的鱼雷作为武器。

大海上的无赖

鱼雷艇的祖先是水雷艇，它最早是在船首上装设炸弹，用以对敌舰进行冲撞攻击。等到鱼雷出现后就被装设在这类小艇上，推进方式也发展成为搭载有像汽油机与柴油机等高出力内燃机装置，最终诞生出快速鱼雷艇。

以鱼雷作为主要武器的水雷艇与鱼雷艇虽然相似，但两者仍存在一定差异。从大小看，前者比后者大，且能进行远洋航行（之后发展成为驱逐舰消失），后者较小型高速，适合近海活动。

鱼雷艇是一种灵活运用其小型高速特性，用以潜入敌舰当中进行一击脱离的武器，以第二次世界大战时期鱼雷艇为例，其可装载 2~4 枚鱼雷，2~4 挺机枪，大小在 100 吨以下，速度为 40 节。

鱼雷艇比较显赫的战果在第一次世界大战时期创下，意大利的鱼雷艇 MAS（43 吨）击沉奥地利旧式军舰“维也纳”号与“圣伊斯特万”号，英国 CMB 鱼雷艇也击沉过德国驱逐舰与沙俄巡洋舰“奥列格”号、“德维纳”号，并对战列舰造成一定损伤。

虽然鱼雷艇具有强大的攻击力，但从另一方面看，鱼雷艇容易在敌舰的反击中受损，且只能在近岸与群岛海域使用。美国 PT 艇被部署在南太平洋岛屿中，在苏里高海峡海战遭遇日军舰队，击沉了扶桑号、朝云号、出云号等多艘日军舰船。德国 S 艇经常在英国沿岸出没并对商船发动攻击，还会与英国鱼雷艇爆发战斗。

虽然世界各国在战后仍使用鱼雷艇，但随着反舰导弹不断发展，鱼雷艇逐渐被导弹艇取代。

鱼雷艇

鱼雷艇

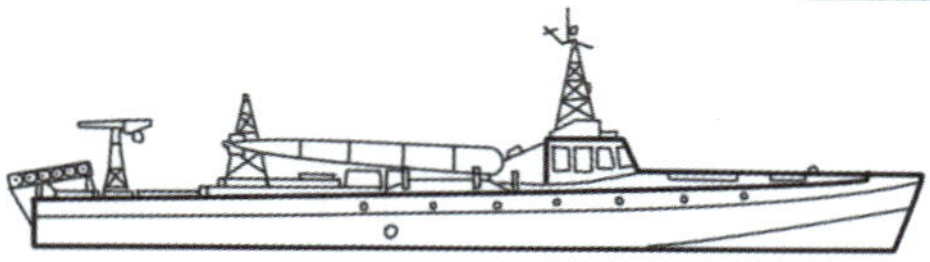

意大利的 MAS 艇 501 型，全长 17 米，标准排水量 21.5 吨，速度 41 节，可搭载 450 毫米鱼雷 4 枚。由于是为在地中海沿岸活动设计，所以非常小型

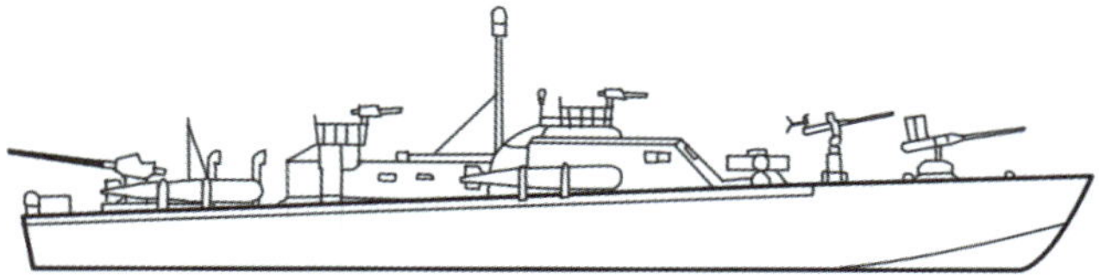

美国的 PT 艇 Elco 型，全长 24 米，标准排水量 38 吨，速度 39 节，可搭载 533 毫米鱼雷 4 枚。主要在太平洋诸岛活动

德国的 S 艇 S26 型，全长 35 米，标准排水量 95.5 吨，速度 39.5 节，可搭载 533 毫米鱼雷 2 枚。设计活动海域是波涛汹涌的北大西洋海域，所以比较大型

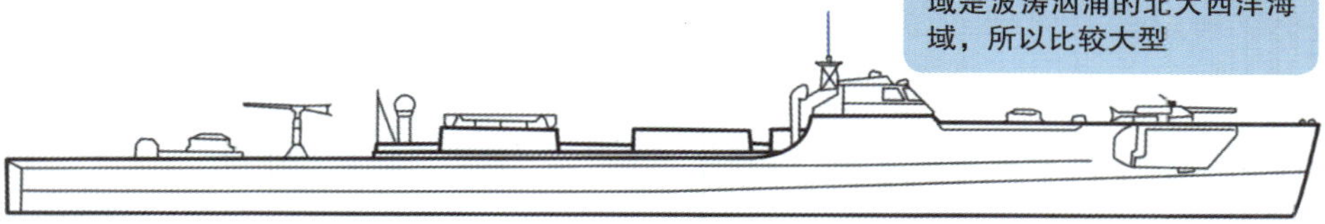

鱼雷艇的攻击

以单纵阵接近目标　　横向展开捕捉目标　　发射鱼雷之反转脱离

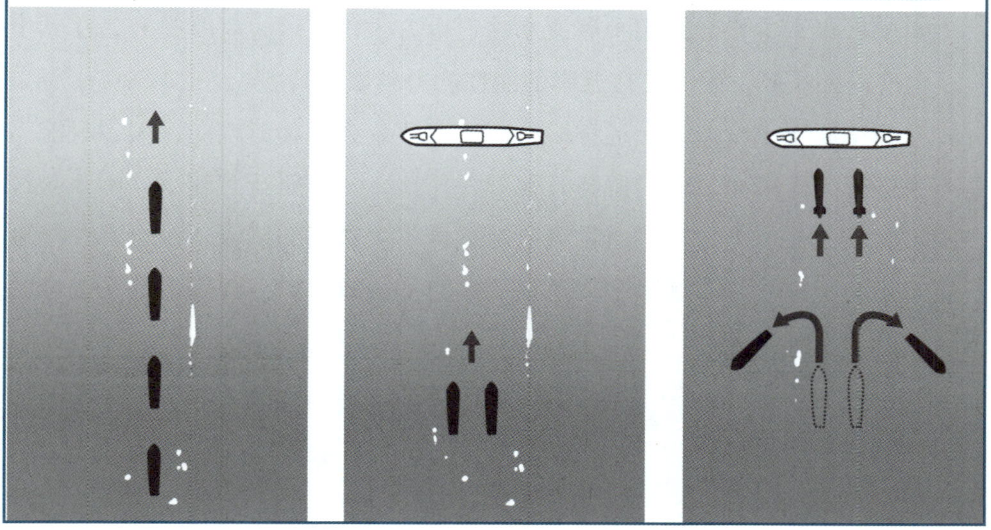

No.082 什么是导弹艇

现代的导弹艇在各方面都具有相当的优势与有效性，因此在各国海军中多有配备。

搭载导弹的小型舰艇

导弹艇可算是一种继承鱼雷艇衣钵的舰艇，在反舰导弹开发出来之后的20世纪60年代登上历史的舞台，并以导弹取代原来搭载的鱼雷。1967年第三次中东战争中，以色列驱逐舰“埃拉特”号被埃及的导弹艇击沉。此事造成的影响颇大，导致世界各国开始加快导弹艇的研发。

之后，还出现过装备有火炮、高级火控系统、可以与其他舰艇和飞机联系的通信设备、导弹搭载数量大幅增加的大型导弹艇。由于船体大型化，所以不仅可以拥有更快的速度、耐波性也有所增强，可以在海上长期使用。

现代的导弹艇包括全长在35米左右，排水量约为150吨的小型艇，以及全长50~60米，排水量在300~500吨左右的大型艇，而后者逐渐成为主流（有时会将后者称为巡逻舰）。

船体是钢制或铝合金制，速度为30~40节，主机多会使用柴油机（也有采用燃气轮机的）。

由于近年来主机会采用水翼或水喷射等方式，机动力有所提升，在其中甚至出现匿踪快艇，因此其在近岸的潜在能力越来越高。

导弹艇属于小型艇，在远洋航行与自卫武装方面相对较弱，大多只能靠高速来进行一击脱离战术。但与其他舰种相比，导弹艇花费较少，因此对许多国家有较大吸引力。虽然这种舰艇更适合不大富裕的国家，但也有一些军备较充足的国家看到其优势，以色列、瑞典等国就将护卫舰以上的军舰全面废除，以导弹艇为主力。

导弹艇

导弹艇的构造

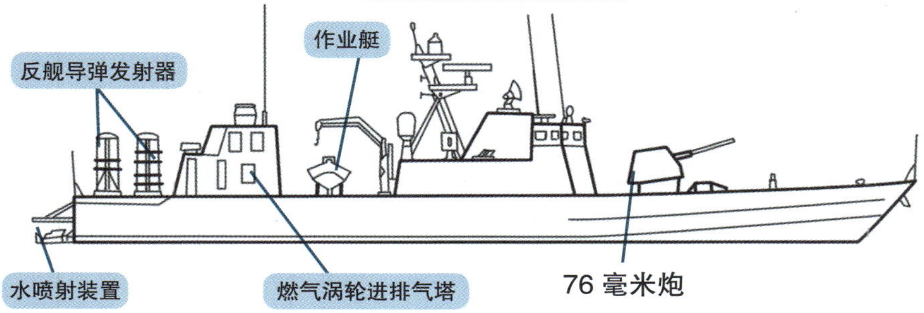

日本的“隼”型导弹快艇，全长 50 米，标准排水量 500 吨，主机为燃气涡轮，速度 44 节，上面搭载临检用的作业小艇

俄罗斯的纳努契卡 I 型导弹快艇，全长 60 米，标准排水量 780 吨，主机为柴油机，速度 34 节，搭载有大型反舰导弹 6 枚

未来的导弹艇

挪威正在研发中的盾牌级导弹快艇，全长 46.8 米，满载排水量 260 吨，属于气垫船，速度 57 节，具有很强的匿踪性

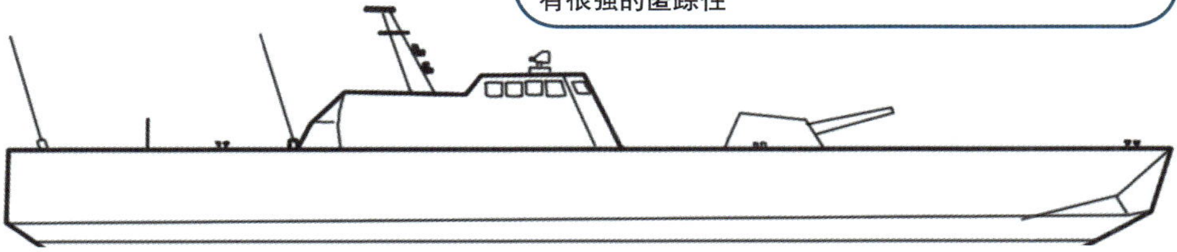

No.083 什么是两栖攻击舰

两栖攻击舰是用于入侵海岸、将己方地面部队送入敌军阵地的军舰；配合运输直升机与登陆艇，还可以将装甲部队一起送上陆地。

囊括制空、地面支援、登陆的舰艇

第二次世界大战时，出现过一种被称为战车登陆舰的军舰，其船底平坦，可以开上海滩让步兵与坦克下船作战，而两栖突击舰就是以此为蓝本由航母改造而成的。

最早使用的两栖舰艇是由美国卡撒布兰加级护卫航母“西提斯湾”号改装而成，接着又通过改造埃塞克斯级航母试验，全新设计的硫磺岛级于 1961 年开始服役。

1975 年服役的塔拉瓦级、1989 年服役的胡蜂级等舰除了运输直升机外还配备登陆艇。由于登陆艇上面还能搭载主战坦克，所以实际上它能令所有陆战武器登陆作战。后来发展而成的两栖突击舰甚至配备有 V/STOL 机与战斗直升机，所以兼具制空与空中支援能力。以美国的新型两栖突击舰为例，其大小与大型航母相当，最多可搭载“海猎鹰”V/STOL 机 20 架，在实力上比一些国家的轻型航母还要强。

两栖突击舰将本来由多舰种负责的机能加以统合，拥有近似万能舰的特性，由于其只靠单舰就能行动，登陆作战的准备也因此大幅简化，执行作战任务时由各部队协同变得更为顺畅。

除美国外，英、法、意、西班牙、韩国等都拥有两栖突击舰，其他国家也大多准备采用。这些舰艇虽名为两栖攻击舰但大小与机能参差不齐，至少在实力上都无法与美军胡蜂级相比。

两栖突击舰是由直升机航空母舰发展而来，但是大部分也结合了船坞登陆舰的坞舱设计，可装载登陆艇。且相较于航空母舰，大部分两栖攻击舰都拥有更密集的自身防卫武器，不一定需要护卫舰队保护。

两栖突击舰“胡蜂”号

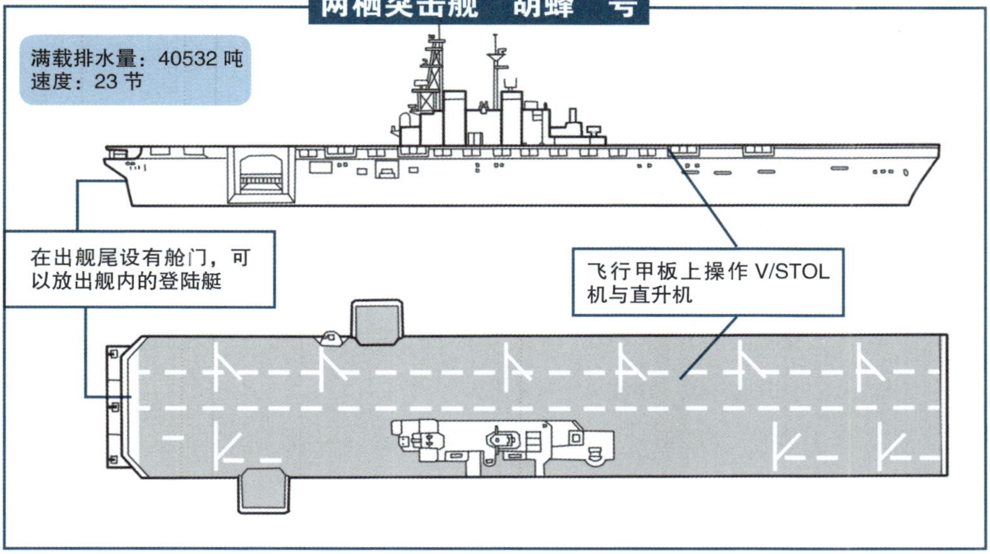
两栖突击舰“胡蜂”号
满载排水量：40532 吨
速度：23 节
在出舰尾设有舱门，可以放出舰内的登陆艇
飞行甲板上操作 V/STOL 机与直升机

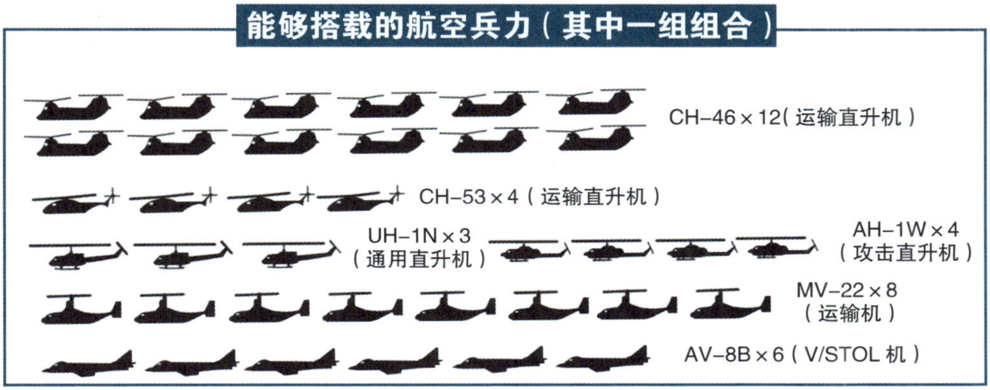
能够搭载的航空兵力（其中一组组合）
CH–46 × 12（运输直升机）
CH–53 × 4（运输直升机）
UH–1N × 3（通用直升机）
AH–1W × 4（攻击直升机）
MV–22 × 8（运输机）
AV–8B × 6（V/STOL 机）

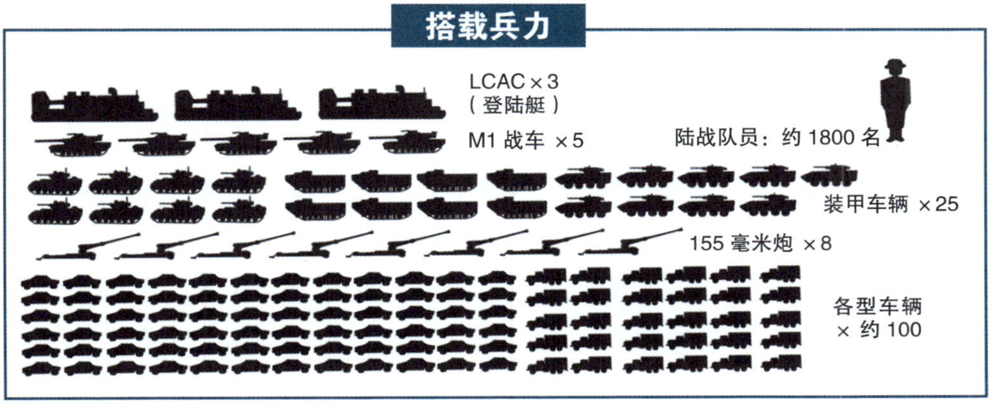
搭载兵力
LCAC × 3（登陆艇）
M1 战车 × 5
陆战队员：约 1800 名
装甲车辆 × 25
155 毫米炮 × 8
各型车辆 × 约 100

No.084 什么是气垫船

气垫船在战后被付诸实用，由于其能高速穿梭于水面与陆地常被军方当作登陆艇使用。

活跃于登陆艇上

虽然气垫船可以漂浮在空中，理论上与飞机更相似，但在实际运用上，多被当成舰艇看待，在英文中也有 Air-Cushion Vehicle 的叫法。

最早的气垫船是当做军舰的警戒艇使用，被美国海军投入越战，但由于其噪音较大、非常脆弱，并没有得到普及。

后来由于登陆时军舰一旦太过靠近海岸就容易遭到来自陆上的导弹袭击，而采用高速的气垫船为登陆艇可以从更远的地方出发，气垫船因此得以推广。

除了速度快这个优点外，气垫船不像其他登陆艇只能停在登陆点的滩头，它可以在陆地上滑行，并以高速进攻至内陆地带，甚至还能跨越障碍物、壕沟，使其能够进攻的海岸向内延伸。

苏联在 70 年代后期开始就已经将数种气垫式登陆艇实用化，除可从登陆舰出发的类型外，还有可以不依赖母舰、靠单艇就能独立操作的大型登陆舰。最大的军用气垫船是野牛级气垫式小型登陆舰，可搭载士兵 360 人或主战坦克 3 辆或装甲车 8 辆，还能以导弹与火箭弹来掩护登陆部队。由于气垫船容易受到恶劣海况的影响、续航距离较短，并不适合远洋航行，只能算是一种比较适合进行陆战的武器，苏联仅在黑海、里海等内海地区用于近距离突袭。

美国 LCAC-1 级气垫式登陆艇于 1984 年开始服役，常被搭载在两栖攻击舰等舰艇上。

气垫船是军舰的好朋友

气垫式登陆艇的优点

旧式的登陆艇只能冲到滩头就无法前进

旧式登陆艇只能在沙滩等地形登陆

气垫船可以直接开上陆地

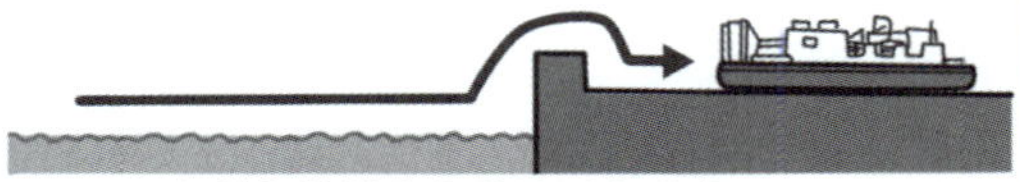
气垫船能够在多种地形上登陆

气垫登陆艇 LCAC-1

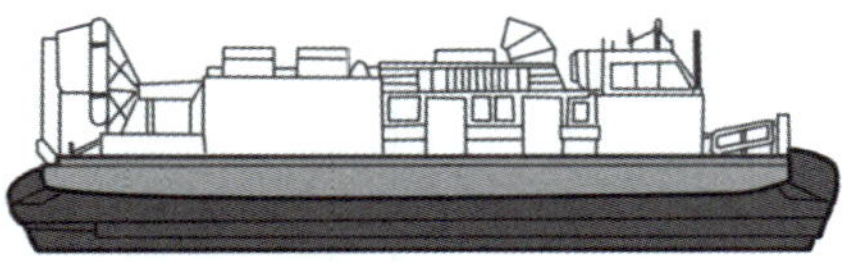

排水量：约 100 吨　最高速度：40 节以上，
全长：24.7 米 全宽：13.3 米

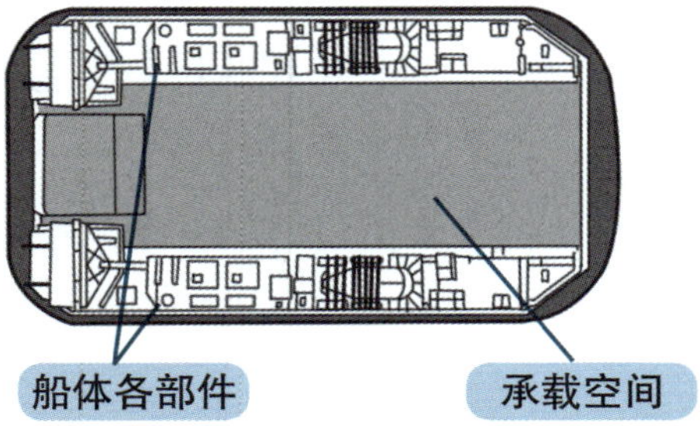

各部件位于船体的左右两侧，中央呈平板状，承载空间宽敞，能够搭载 1 辆战车或者 4 辆装甲车
主要装备美国海军，日本海上自卫队也采用了该艇

气垫登陆舰“野牛”（北约代号 Pomomik）

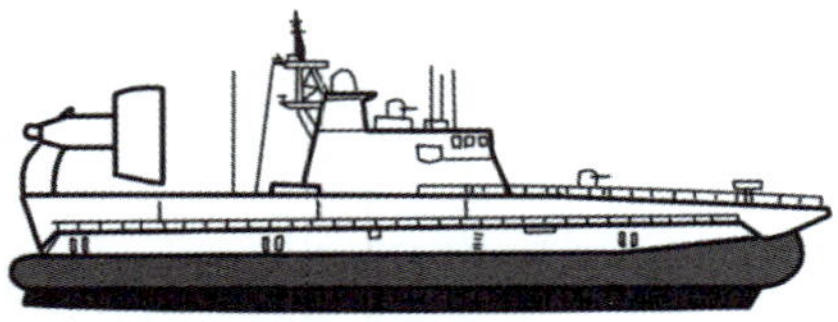

排水量：415 吨　最高速度：63 节
全长：57.3 米　全宽：25.6 米
武器：四联装防空导弹发射器 ×4
30 毫米 CIWS 炮 ×2
22 连庄对地火箭弹发射器 ×2

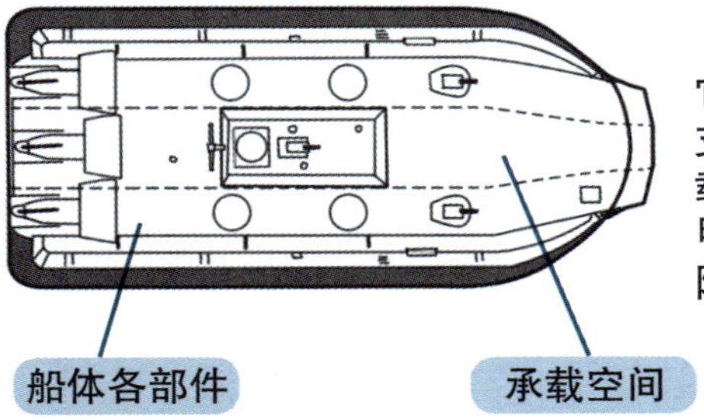

它是世界上最大的气垫登陆舰，拥有能够支援登陆部队的强力武装。舰体中央是承载空间，能够搭载 3 辆战车或者 8 辆装甲车，其设定是要从海上靠自力航行到登陆地点，所以要比 LCAC 大上很多

No.085 什么是半潜艇

半潜艇就是以几乎所有船体都潜在水下的方式航行，介于潜艇与水面舰艇之间的代用兵器，在奇袭与渗透上有奇效。

1
2
3
4
5

间谍常用的特殊船只

所谓半潜艇，指的就是在活动时只有一部分构造物露在水面上，其余船体都潜在水中的舰艇。

就广义而言，即使是水上舰体构造很少的船舰也包含在内，但一般指的是拥有与潜艇一样能调节潜水深度的舰艇。而那些被用作观光用的"半潜艇"，仅是在一般设计的船身吃水线下装设景观窗而已，并不属于真正意义上的半潜艇。

半潜艇的优点在于其比相同技术等级的潜艇速度要快，在建造上比潜艇简单且便宜，又不大容易被水面舰艇发现；但其也有耐波性（穿透波浪的能力）较差的缺点，会令其比潜艇更容易暴露。

半潜艇的性能在军事上只能算半调子，历史上只有英国的"Welfreighter"、德国的"Neger"等少数被付诸实用，在第二次世界大战时日本陆军曾建造出的"五式半潜攻击艇"属于特攻武器，并未投入实战。

在现代，只有朝鲜仍在使用半潜艇，且这些半潜艇主要是用来运载准备渗透至假想敌国的水下作业员，与 Welfreighter 属于同系列军舰。由于其在构造上无法进行长时间的航行，所以仅能用于将间谍送到韩国及接回间谍，若想渗透到远一些的日本等国，就只能依靠伪装成渔船的舰艇了。不过并不是说采用这类舰艇就不会被发现，虽然其在航行时露出水面部分仅在 60~70 厘米，但要想不被雷达发现，还要在船身上涂上匿踪涂料才行。

曾有报道称朝鲜将半潜艇当做鱼雷使用，还将搭载有两枚鱼雷的半潜艇出口至伊朗。

半潜艇

优点一

半潜艇与同尺寸的船舰相比，它的投影面积非常小，所以不管是雷达还是目视都很难发现

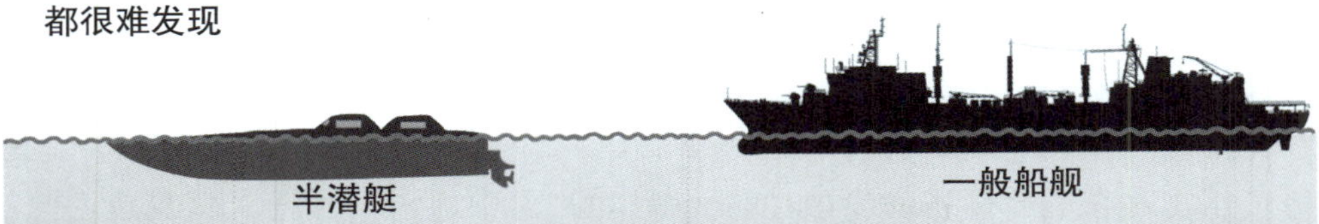

优点二

跟持续潜航与深海的潜艇相比，它的构造较为简单

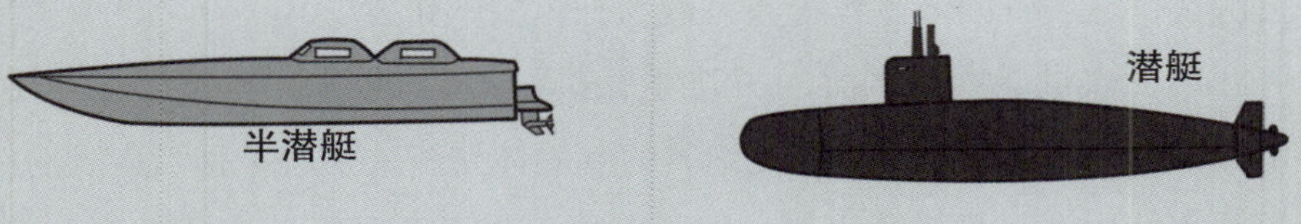

其缺点在于比潜艇容易被敌人发现，耐波性也比一般船舰要差

朝鲜的高速半潜艇

1988 年韩国发现朝鲜的半潜艇并击沉，上面涂有匿踪材料，具备简单的潜水能力，甚至搭载有日本制的 GPS 装置与无线电，性能比以往所知的半潜艇要高，还装有自爆或撞击用的炸药

排水量：11 吨　重量：11.5 吨
全长：12.5 米　高度：1 米
全宽：2.9 米
速度：40 节以上
运送人员：8 名

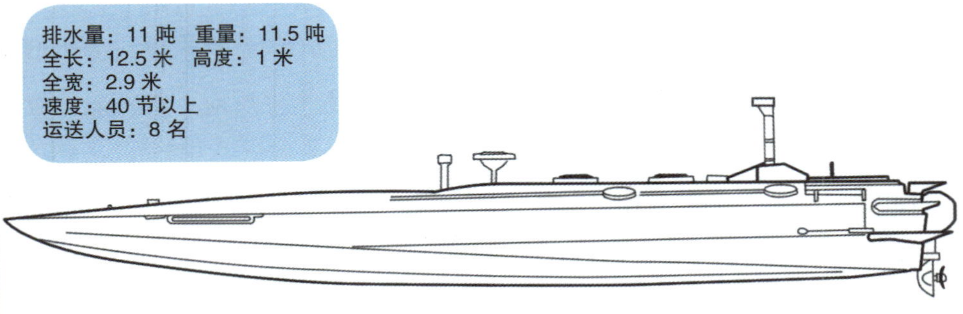

No.086 布雷舰和扫雷舰

布雷舰是布放水雷的一种舰艇，只是现在多被飞机或潜艇代替；扫雷舰，顾名思义就是用于清除水雷、让水雷失效的舰艇。

水雷攻防战

水雷是在舰艇接近或接触时就会爆炸的"海中地雷"，由于其极具攻击性，常被用来布放在己方阵地沿岸防止敌军靠近、阻碍敌军登陆作战、阻碍敌军航路、封锁港口等，属于防卫性使用武器。

最早的近代水雷战是日俄战争，当时共有 2 艘日本军舰、1 艘俄国军舰触雷沉没，之后各国开始重视布雷舰与扫雷舰的研发。

在第二次世界大战之前，一般海军多采取先入侵敌军阵地，在其要害处布设水雷，再回航的战术。因此当时的舰艇体型较大，具备相当程度的武装，意大利曾使用巡洋舰搭载水雷，但随着战争的不断升级，在敌方势力范围内活动变得越来越困难，只好采用布雷舰布雷。

虽然布雷这种战术在近代仍被使用，但布雷舰却已经消失，取而代之的是飞机或潜艇，甚至在己方近岸地区部署防御性水雷时，还会使用到通用性的小型舰艇。

至于扫雷舰，由于清除水雷就像在陆地上清除地雷一样麻烦，因此直到第二次世界大战之前都采用扫雷舰进行作业。由于其活动范围常在敌军势力范围之内，因此船体与武装几乎可与驱逐舰媲美。但随着时代的变化，这类舰艇因其船体过大容易触雷，渐渐消失了。

现在为应付接触式水雷与水压反应式水雷，使用的是吃水较浅的小型舰艇，而面对磁场感应式水雷，因其会对钢铁制船体产生反应，常将船体改用木制或 FRP 材料。

如果采用无差别水雷攻击的话，花费并不大，布放也很简单，但是会对海上交通线产生严重威胁。

布雷舰与扫雷舰

水雷的种类

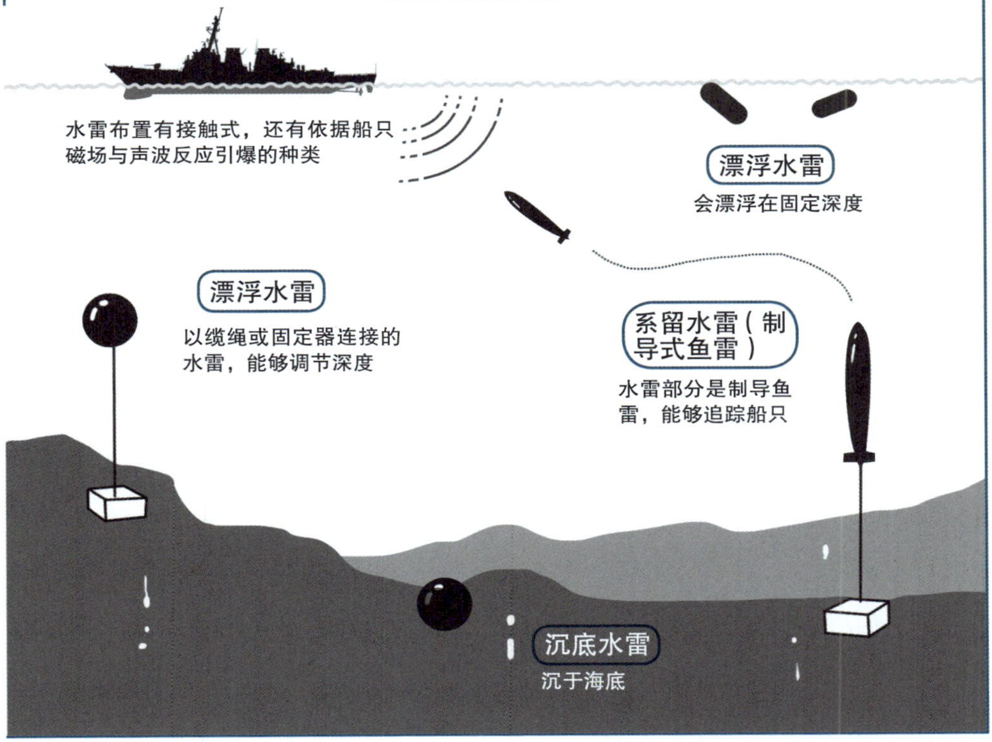

扫雷方式

在 2 艘扫雷艇中间系上缆绳，用来切断系留水雷的缆绳

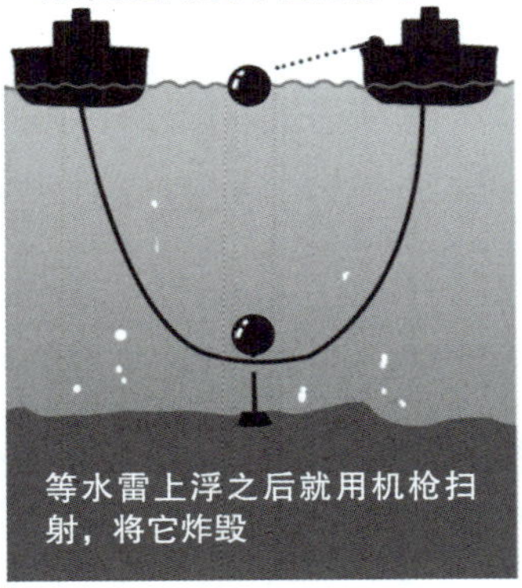

以扫雷艇拖曳会发出声波与磁场的扫雷器

防御性布雷

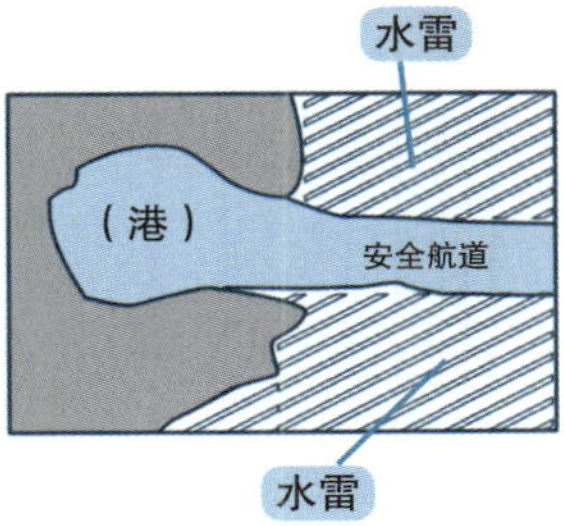

在己方港口周围布放水雷，让敌人无法靠近。如果己方船舰要进出的话，会使用只有己方知道的安全航道

No.087 什么是修理舰

在设备不齐全的港湾基地，军舰要进行整备、修理，就要依靠修理舰艇才行。广义上说，连浮动船坞也包括在这个类别中。

足以影响战局的移动式修理工厂

修理舰艇是一种可以对军舰进行整备、修理的移动式修理工厂。

在第二次世界大战时，由于美、日两国海军的主要战场位于广袤的太平洋上，在无法返回己方军事基地修理军舰的情况下，修理舰艇在战争中担当相当重要的角色。

日本拥有改装自旧型战列舰的“朝日”号与新型的修理舰艇“明石”号，特别是“明石”号上面装有最新式工作机械，且搭乘多名修理工人和专家，日军舰队有40%的维修任务都是交给这艘船来完成的。

美军在发现这一情况后，就将“明石”当成首要攻击目标，并于1944年3月将其击沉，这使在之前就已失去“朝日”的日本海军彻底失去在前线修理的能力。

另一方面，美军除有“美杜莎”号等修理舰艇外，还拥有多艘浮动船坞可供使用。

所谓浮动船坞，是一种中央呈现凹字形构造的箱型立方体设备。凹下去的部分可以沉在水下，潜至需修理的舰艇正下方，再进行上浮动作，这样一来，军舰的吃水线下就能露出来，即使在没有干坞的地方也能进行同等级的整备与修理。这样一来，美军的军舰在需要时能得到及时的修理，对战局产生重要影响。

在战后，由于战争形态发生变化，世界各国的港湾几乎都配备完善的设施以进行舰艇修理，所以修理舰艇被废止了。在美国曾将驱逐舰、航母等舰艇赋予修理机能，而浮动船坞则被民间和军方沿用至今。

修理舰的构造

修理舰设有专门供舰内工厂使用的烟囱，里面设有机械工厂、组装厂、淬火工厂、铸造厂、冶金厂、锻造厂、金属加工厂、焊接工厂、木具工厂、武器工厂、电气工厂、工具室等

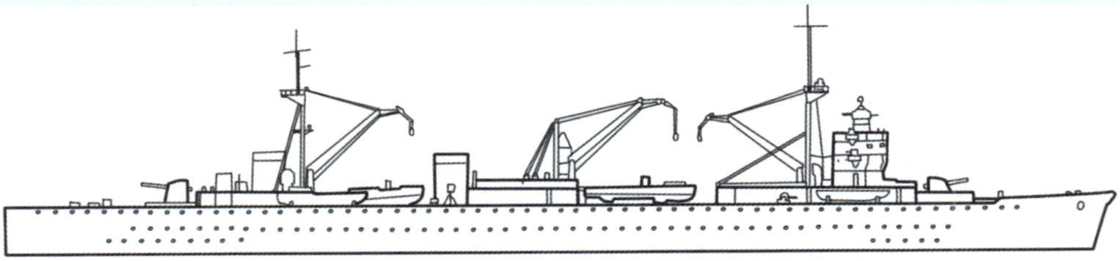

浮动船坞

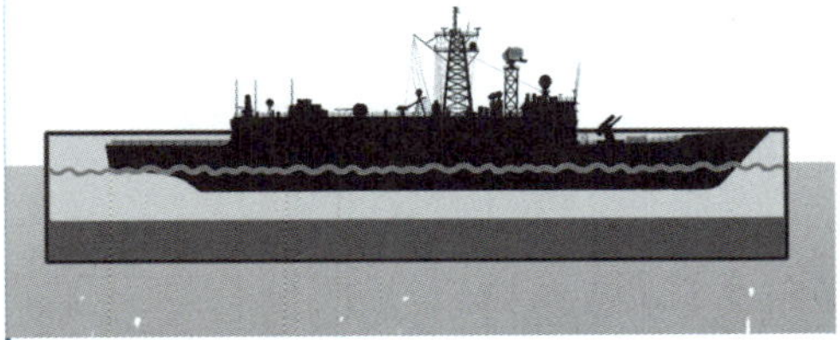

浮动船坞下沉，让凹字型部分驶入船舰下方

浮动船坞上浮，拖着舰艇一起升上水面

于浮动船坞修理中的美国战舰“加利福尼亚号”

1944 年 9 月，于埃斯皮里图桑托岛。美军在南太平洋配置有能够修理大型舰艇的浮动船坞，美国海军军舰不用回到夏威夷或者本土就可以直接进行修理

No.088 二战功勋舰

在第二次世界大战中很多军舰取得了重大的战果，并永远留在了人们的记忆中。

1
2
3
4
5

各国的功勋舰艇

在多用途舰艇中较为出名的舰艇，其名字常会被该国之后建造的同级舰艇或同用途舰艇所继承。

美军航空母舰“企业”号属于约克郡级航空母舰，被昵称为“Big E”。在第二次世界大战开战时，虽然珍珠港遭到突袭，但其幸运的存活了下来，并在之后参与报复日本偷袭珍珠港的空袭东京、中途岛海战、雷伊泰湾海战、硫磺岛战役、冲绳之战等，可以说在重要战役中发挥了极其重要的作用。更幸运的是，它在战后仍然存活下来。其舰名最终被世界上第一艘核动力航空母舰所继承。

英国战列舰“厌战”号属于伊丽莎白女王级战列舰，被昵称为“可敬的老淑女”。曾于第一次世界大战时参与日德兰海战，第二次世界大战时参与挪威海战、地中海海战、意大利登陆作战、诺曼底登陆作战等，且生存下来，是第二次世界大战中最为活跃的军舰。

德国潜艇 U–47 是 U– Ⅶ B 型 U 艇，曾入侵位于英国本土的斯卡帕湾，且击沉英国战列舰“皇家橡树”号。由于该舰舰长高特·普利恩曾被赋予“斯卡帕湾之牛”的绰号，人们在舰身上绘上一头正在喘息的公牛。其共击沉 20 万吨的敌舰，但于 1941 年 3 月 8 日被“黑濯”号驱逐舰击沉。

在太平洋战争中，“企业”号九死一生，取得了 20 颗战斗之星奖章，并成为第一艘荣获总统集体嘉奖的航母，也是美国二战唯一一艘同时荣获总统集体嘉奖和海军集体表彰的航母。在其光辉的一生中，共航行 442475 公里，击沉敌舰 71 艘，击伤 192 艘，击落敌机 911 架，在美国海军中没有任何一艘军舰能与之相比，“企业”号象征着美国海军的战斗精神。

第二次世界大战时的功勋舰艇

美军航空母舰“企业”号

排水量：19800 吨
速度：33 节
武器：127 毫米炮 ×8、28 毫米四联装炮 ×4
服役：1938 年
退役：1947 年

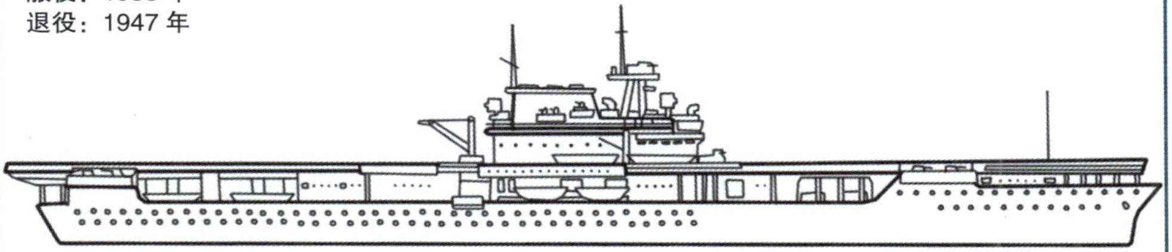

德国潜艇 U-47

潜航排水量：753 吨
速度：浮航 17.2 节 / 潜航 8 节
武器：530 毫米鱼雷发射管 ×5、88 毫米炮 ×1、20 毫米炮 ×1

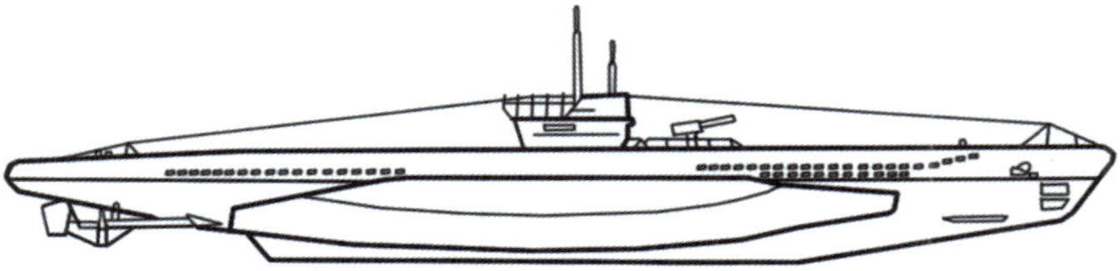

舰徽

英国战列舰“厌战”号

排水量：33410 吨
速度：24 节
武器：381 毫米双联装炮 ×4、152 毫米炮 ×8、102 毫米双联装炮 ×4
服役：1915 年
退役：1946 年

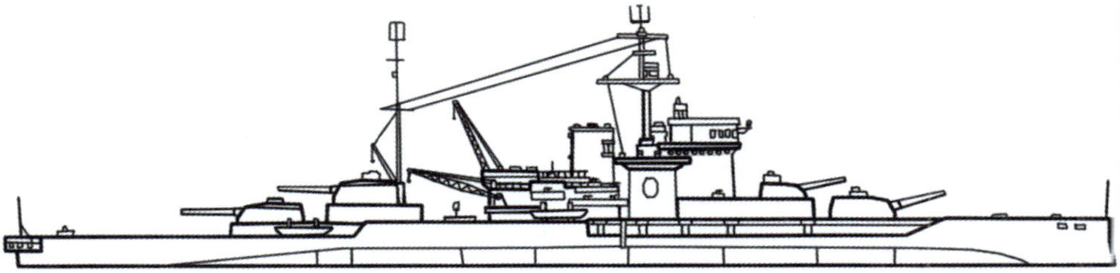

No.089 补给舰有什么作用

军舰常会在远离海港的地域进行作战行动，这时若想持续作战，补给舰就是不可或缺的存在。

在背后支持的力量

补给舰是用于对其它舰艇进行物资补给的军舰。它并不是单纯的物资运输船，这类军舰在只有简易设施的港口、单纯的泊锚地（下锚暂时停泊的地点）或海上都能进行补给作业。

在派遣军舰或让舰队进行远航时，首先要考虑各舰的续航距离，若在途中用光燃料或物资，就必须进行补给。若能在半途遇上可供入港的国家，并先行在港口集结补给物资还好，否则就需要靠补给舰了，而在现实中，遇到可供补给的港口的机会并不多。

若有补给舰，舰队就能随时进行补给，使作战顺利进行。这样不靠港还能欺骗敌人的耳目，达到奇袭的目的。

另外，在战斗中，交战次数往往不止一次，若在前线没有补给舰，燃料、弹药、粮食等消耗殆尽的舰艇就不得不退至能进行补给的港口，这种情况有补给舰在侧的话对战争十分有利。

为确保海上交通线与确保海上拦截行动（在海上进行临检）等任务，必须长时间对海域进行监视，此时补给舰的重要性就更显著了。

没有补给舰就没有远洋舰队，此语并非言过实。

中国“太仓”级补给舰，采用传统布局，上层建筑分前后两部分，中部设有 4 个油水补给站和 2 个干货补给站，舰体尾部设有直升机起降平台，可以实现垂直补给，但未设机库。可一次携带燃料 10550 吨，轻柴油 1000 吨，补给水 200 吨，饮用水 200 吨以及冷藏食品 50 吨。该舰另装备 4 座 76 式双联 37 毫米高炮用于自卫。

补给舰的分类和存在意义

补给舰的种类

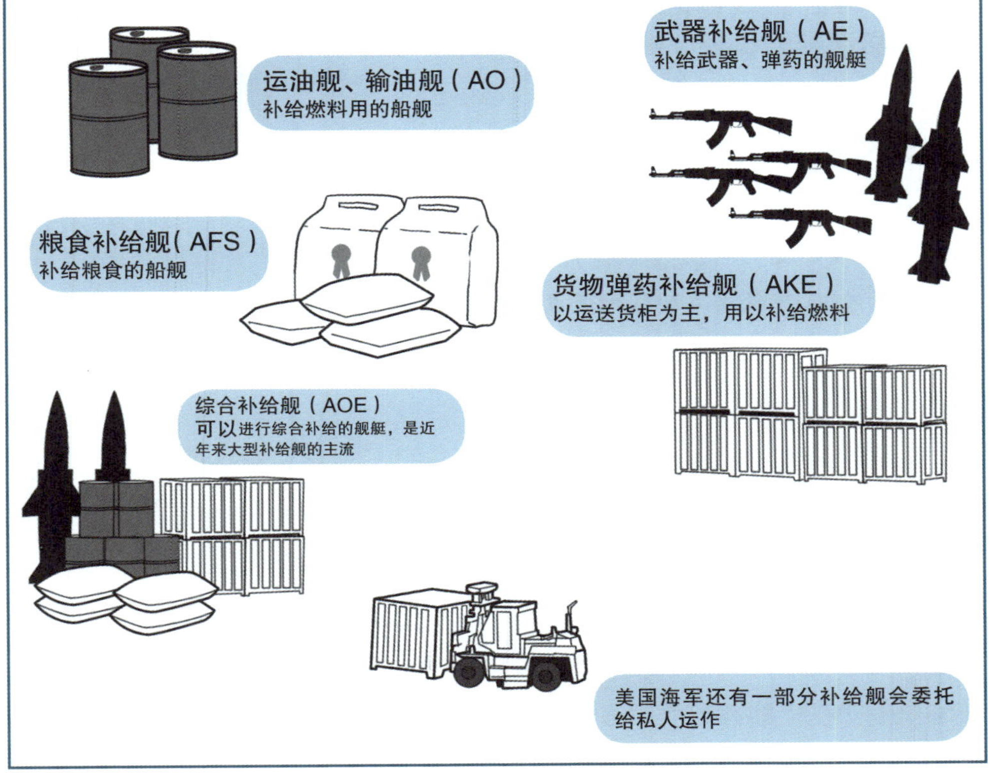

补给舰的意义

因为能够在海上进行补给，所以令花在补给上的时间就大幅度缩短，如此以来能长时间维持前线的战斗力

海上补给受到设备的限制，所以很难用民间船只来补给，因此专门的补给舰存在的意义就非常大

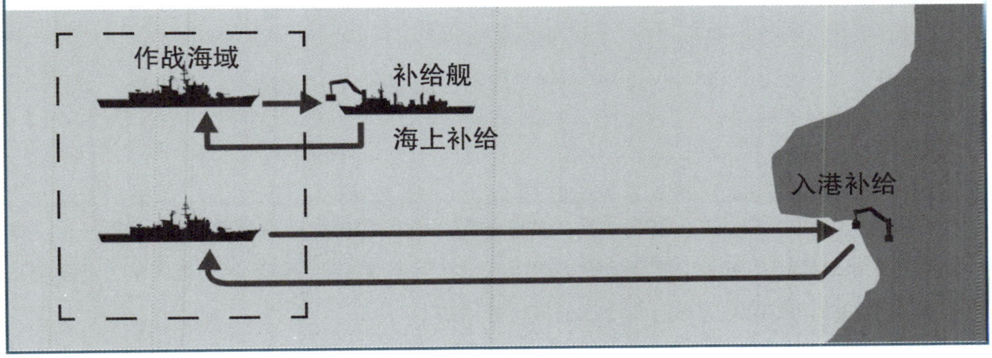

No.090 舰只如何接受补给

一旦发生战斗，军舰需要消耗大量的物资，若不能及时返回基地接受补给，就只能在海上接受了。

1
2
3
4
5

庞大的消耗与在海上的补给

大型的军舰上往往会搭载大量的物资，以备其顺利航行。

核动力舰艇不需进行燃料补给，尼米兹级核动力航母每20年一次，经过数年才交换燃料棒（最新型的福特级核动力航母据说在服役期间都不需要交换燃料棒）。不过即使是核动力舰艇，在粮食和弹药方面仍需进行补给，否则无法顺利航行或战斗。

入港进行补给比较容易，但在战斗时，就只能靠一边移动一边接受海上补给了。在补给舰与受给舰（接受补给的舰艇）之间会架起缆绳，然后将物资吊挂在下面进行补给传送；燃料则通过输油管输送到受给舰的燃料舱中。

让受给舰连接与补给舰后方的“纵向”方式可以降低发生事故的可能，但这样船速就不能太快，且由于两舰间距较大在补给上需要花费较多时间。让补给舰与受给舰并列的“横向”方式在航速上能比纵向更快，且缩短作业时间，但发生事故的可能性较高。在现代舰队中，既要考虑到安全，也要考虑到效率，所以海上补给以“横向”为主流。

核动力舰艇不需要进行燃料补给，美国的尼米兹级核动力航母每隔20年补给一次，期间需要更换燃料棒，更新型的福特级核动力航母在整个服役期间都不用对燃料棒进行更换。不过即便如此，粮食弹药等方面还是要进行补给的。

如何接受补给

海上补给的方法

除此之外还有其他的补给方式

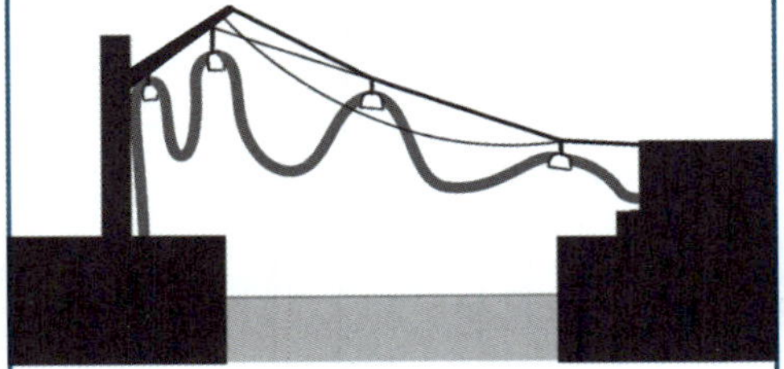

在两舰之间张起缆绳，然后把燃料传输管挂在下面传递到受给舰

物资补给

现代也会用直升机吊挂物资的方式即逆行补给

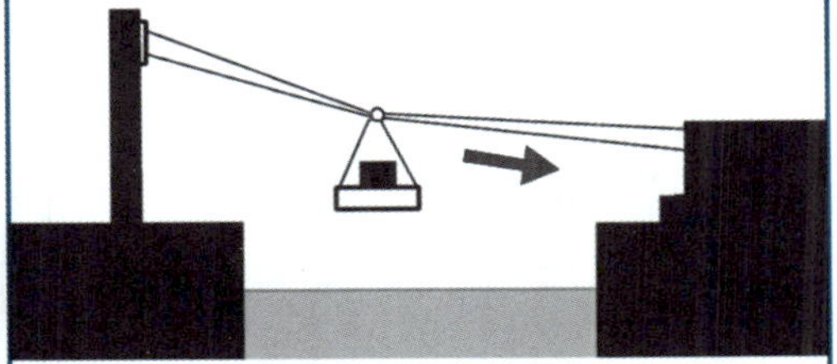

在两舰之间张其缆绳并设置滑车与货架，把货物装载货架上传送到受给舰

燃料补给

是一种比较安全的补给方式，不过必须要把航速降低，补给作业也要花费更多时间。在受给舰的海上补给设备不完善的情况下会通过这种方式进行

横向给油

在补给的时候维持航速，能够令补给尽早结束。如果在补给舰的两舷都有受给舰的话，能够同时补给两舰。不过必须配合好航向与速度，有一定难度

No.091 海军陆战队和海军有什么不同

海军陆战队原指隶属于海军的陆战兵力，但有名的美国海军陆战队常被当作独立兵种看待。

1
2
3
4
5

先锋部队

陆战队在帆船时代的军舰中，主要指一支在与敌舰近距离接触时能使用军刀冲入突袭的白刃战部队，或是由船上舰员临时编织成的部队，而隶属于海军的部队在执行殖民地港口警卫任务时也会被称为陆战队。

1537 年，西班牙查理五世编制的海军步兵成为首支从舰艇中独立出来的永久部队，由于其任务主要是突袭登陆，与现代陆战队几乎完全形同，所以被视作近代海军陆战队的开端，而西班牙陆战队也成为了历史最为悠久的陆战队。

陆战队是以抢滩登陆作战为主要目的的水路两栖部队，虽然在战场上从事陆战工作，但其任务却非陆军战技和装备所能涵盖的，且与友军的协同作战也不容忽视，因此在大多数情况下是由海军主导编成的。

除登陆作战外，陆战队还会执行紧急部署、海军设施与大使馆警卫、临检等任务，由于常被部署在最前线、任务内容相当严峻，所以陆战队大多会与勇猛彪悍的特种部队被视为相同等级。

世界上最有名的陆战队莫过于美国海军陆战队，其不论在兵力还是实战上表现都极其突出，虽然组织上仍隶属于海军，但实际上已经算是美军除海陆空外第四军种。从第二次世界大战以来，他们创下辉煌的战果，是肩负美国战略重任的紧急部署部队。

俄罗斯的陆战队也隶属于海军，正式名称为海军步兵，在 1960 年代形成现在的编制，属于精锐部队，也常参加一般的陆战，但现在的规模只有 12000 人左右，远不及美军陆战队。

英国的陆战队在过去曾是世界各国的典范，以 3 个旅为核心，是用于登陆作战的轻步兵部队。

除以上三国外，世界各国的陆战队规模都比较小。

陆战队与海军的差异

陆战队的起源

在火器尚未发达的时代，军舰上会搭载用来冲上敌舰进行白刃战的船员

在殖民时代，殖民者会让船员上岸担任港口或陆上的警卫，还可能与当地居民战斗

因此，就需要一只以地面作战为主，但是有能跟海军紧密配合的步兵部队，主要任务是登陆作战

陆战队的任务

登陆作战　紧急部署　警卫工作　临检

美国陆战队组织图

- 海军部长 — 海军次长
  - 海军作战本部 — 海军
  - 陆战队总司令 — 陆战队

海军陆战队隶属与海军，预算也属于海军预算的一部分，不过海军陆战队的军队指挥系统是独立与海军指挥系统之外的，因此在事实上是两个不同的兵种

No.092 抢滩登陆作战

抢滩登陆作战，顾名思义就是从海上进攻到位于敌军势力范围的海岸，让陆军兵力登陆并交战。

既重要又艰难的作战

抢滩登陆作战是从海上以有限的战力登陆，然后夺取敌方领土，在近代战争中最早的抢滩登陆作战是一战时的加里波利登陆作战，而抢滩登陆的各种经验方法则是在二战时的太平洋战争中被确立下来。

由于在这类作战中，防守一方算是以逸待劳，而进攻方则要从基本上没什么掩蔽物的海面上进行攻击，可能会造成相当大的损失，所以进攻方最好是依靠陆海空协同，在多兵种支援下进攻。

首先要让航空部队从航母或是军事基地出发，确保进攻方航空优势，接下来以地面攻击与舰炮射击对登陆地区进行火力压制，力图减弱敌方战斗力。1944 年的硫磺岛战役中，美军正是由于无法对日军地下阵地进行有效打击，在登陆后陷入困局。

在进行火力压制等作战后，开始通过登陆舰艇将登陆部队送至海岸上，让士兵及车辆能攻上滩头。在以前大多将登陆艇搭载在登陆舰上，再靠吊架将其吊放至水中，到二战后期出现的船坞型登陆舰可以靠在船体中注水使所搭载的登陆艇直接浮航出发，这种模式成为战后主流。

到了现代，由于研制出可以比舰艇更快将登陆部队送进内陆的气垫船、可以进行快速兵力投送的运输直升机、能直接从海上开上沙滩靠自力推进至内陆的两栖突击车辆等，都能让地面部队更快地部署到更为广大的区域。

部队在进行抢滩登陆作战之后，会建立起作为己方据点的桥头堡（构筑于敌方阵地的据点），后续部队与运输物资将在此处集结，之后继续扩大己方可支配地带，并持续进行地面作战。

抢滩登陆作战模式图

以两栖突击舰为核心的抢滩作战

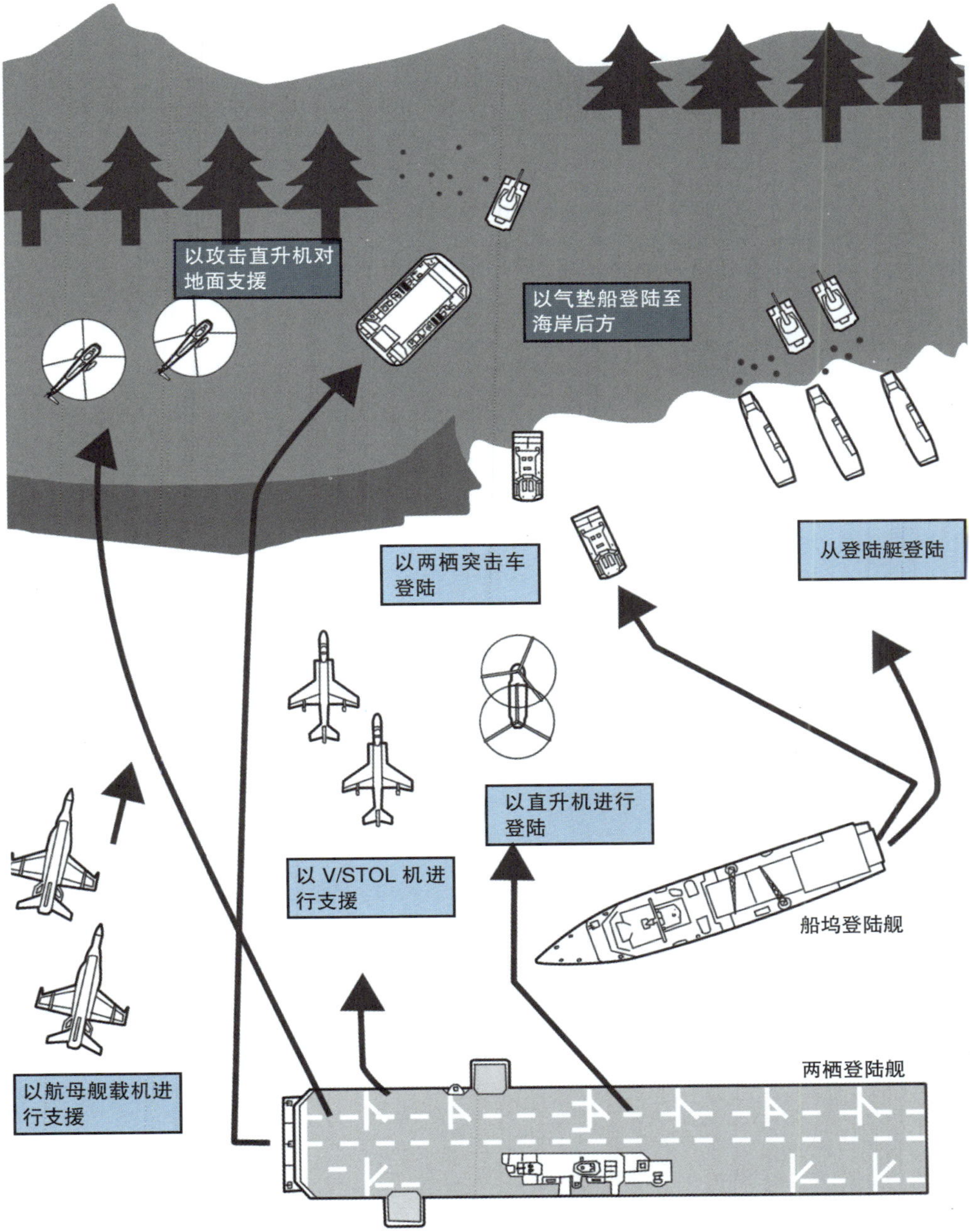